本书得到下列项目资助

开放战略与区域经济自治区级人文社科重点研究基地建设项目
宁夏高等学校一流学科建设项目（理论经济学学科）（NXYLXK2017B04）
2018河北省高等学校人文社会科学研究项目（SQ181093）
2019年度河北省社会科学发展研究课题（2019040202004）

农业转基因技术应用的
认知水平与社会规制研究

华 静 著

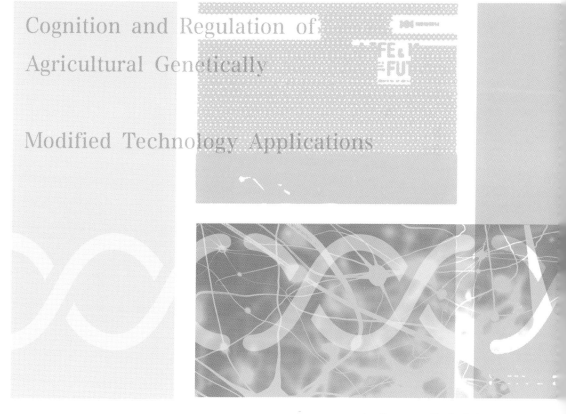

Cognition and Regulation of
Agricultural Genetically

Modified Technology Applications

中国社会科学出版社

图书在版编目（CIP）数据

农业转基因技术应用的认知水平与社会规制研究/华静
著.—北京：中国社会科学出版社，2019.10
ISBN 978 - 7 - 5203 - 5573 - 5

Ⅰ.①农…　Ⅱ.①华…　Ⅲ.①作物—转基因技术—研
究　Ⅳ.①S33

中国版本图书馆 CIP 数据核字（2019）第 247798 号

出 版 人	赵剑英	
责任编辑	卢小生	
责任校对	周晓东	
责任印制	王　超	

出　　版	中国社会科学出版社	
社　　址	北京鼓楼西大街甲 158 号	
邮　　编	100720	
网　　址	http：//www.csspw.cn	
发 行 部	010 - 84083685	
门 市 部	010 - 84029450	
经　　销	新华书店及其他书店	
印　　刷	北京明恒达印务有限公司	
装　　订	廊坊市广阳区广增装订厂	
版　　次	2019 年 10 月第 1 版	
印　　次	2019 年 10 月第 1 次印刷	
开　　本	710×1000　1/16	
印　　张	14	
插　　页	2	
字　　数	219 千字	
定　　价	78.00 元	

凡购买中国社会科学出版社图书，如有质量问题请与本社营销中心联系调换
电话：010 - 84083683

内容摘要

农业转基因技术给全球带来了巨大的经济效益和社会效益，但同时也引发了一场前所未有的争论，争论由最开始的转基因技术安全性问题逐渐蔓延到经济、社会和道德等领域，当前部分公众对转基因技术的认知并不全面、态度模糊，对农业转基因技术潜在的生态和健康风险感到迷茫和担忧。对这一系列问题的有效处理和控制主要依赖于一国的社会规制水平。目前，我国现有农业转基因技术社会规制手段不足，对利益主体认知行为和态度的反映不充分。认知的准确把握和控制是规制的前提，政府在制定决策时必须考虑各利益主体的认知行为和态度。因此，从利益相关者认知的角度出发，探究农业转基因技术应用社会规制框架体系十分必要。

本书以农业转基因技术应用社会规制中涉及的利益相关主体（消费者、生产者、生物企业、科研机构和政府）为研究对象，基于659份消费者问卷、302份农户问卷、58份企业问卷、38份科研机构问卷和20份政府问卷数据，旨在：（1）通过理论和实证研究识别主要利益主体对农业转基因技术应用的认知水平和行为态度及其驱动因素；（2）基于利益相关者行为理论，剖析农业转基因技术社会规制中各利益主体之间利益协调的行为过程；（3）从产业安全角度出发，明确各利益主体的认知行为对转基因技术应用社会规制的影响路径，解析影响社会规制的关键因素；（4）结合转基因技术应用社会规制的绩效评估，完善转基因技术全产业链的社会规制体系。

本书的主要研究结论是：

（1）农业转基因技术应用社会规制的供求矛盾突出，转基因技术风险的复杂性、公众认知的需求和转基因产品的市场失灵使转基因技术应用社会规制制定迫在眉睫。

（2）不同利益相关主体对转基因技术及产品的认知不全面，行为态度存在差异：城市消费者的认知水平普遍高于农村消费者，大多数企业都认为，生产转基因产品能给企业带来较大利润，科研机构工作者比较了解转基因技术的管理体系和法规体系，政府工作人员不熟悉当前我国转基因技术规制的法规。

（3）根据认知行为及态度，可以将利益相关主体分为三类：①消费者群体，他们对转基因技术及食品有所顾虑，持消极态度；②科研机构和生物企业，他们对转基因技术的潜在收益认知和接受度较高，对当前转基因技术的发展持积极态度；③政府工作人员，他们对转基因技术的认知水平较高，但是，对转基因产品的态度并不明显，持观望态度。

（4）规制者、被规制者和规制受益者等主体之间的利益协调是农业转基因技术应用社会规制的关键。在政府、生产者和消费者三方动态博弈中，消费者起到了较好的监督作用。随着消费者关注的增加，规制者的监管力度增强，生产者的"寻租"行为有效减少。

（5）有效的规制手段和良好的规制效果能够改善公众对转基因技术及应用的认知程度，公众认知反过来也会影响农业转基因技术应用的社会规制。转基因技术认知行为对社会规制有显著的正向影响，消费者的认知水平对社会规制的标准化路径系数为0.368。

（6）政府在制定农业转基因技术应用的规制政策时，应结合各主体对转基因技术的认知行为和态度，必须把各利益主体的认知和行为纳入考虑中。

（7）影响农业转基因技术应用社会规制的关键因素依次为公众的收入、企业销售利润、科研机构的科研能力、公众信息获取渠道和政府部门技术成果商品化程度等。

（8）农业转基因技术应用的规制政策措施严重缺失。我国转基因水稻的社会规制绩效水平较低，绩效评估综合得分为18.7。

（9）完善农业转基因技术应用的社会规制框架体系可以从社会规制立法、社会规制原则和社会规制内容等方面考虑。

致　谢

2012 年怀揣着梦想来到中国农业大学求学，时光流逝，青丝变白发，学业、梦想、友情胶着在一起的五年硕博生涯已经结束，在这里度过了希望、拼搏、追逐又不乏犹豫、失落、沮丧的时光。本书付梓之际，回望本书撰写过程，个中辛酸苦楚，从研究框架的修改、研究思路的确定、研究方法的摸索直到本书的定稿，每一个环节都充满着困惑和纠结，一次次陷入泥潭，又一次次突破困境，这一切都离不开良师益友的帮助，感谢你们的悉心指导与真诚陪伴，让我在这条孤独的学术路上并不孤独，反而很温馨很幸运。

首先，我要衷心感谢我的导师王玉斌老师。王老师为人谦和真诚，学术严谨，感谢王老师对我学业的认真指导和对我家人的真诚帮助，这五年来您所有的鼓励和指导我都感动于心，从题目的选择、框架的构建、调研获取数据到最后定稿，每一个环节王老师都给予了认真指导，小到书稿的标点符号错误，王老师都一一标志，在每周例会中，王老师耐心听取我们的阶段汇报，及时提出修订方案，督促我们的科研进度，锻炼了我们思考和涉猎新领域的能力。王老师不仅在学业和论文指导等方面给予了很多帮助，而且在生活等方面也给予我支持，在此向我尊敬的王老师表示感谢，您传授的做人为师之道让我受益终身。

其次，感谢田志宏教授的悉心指导与帮助。田老师身上散发着的学术涵养和人格魅力令人敬佩，让我意识到一名学者该有的气度和风范，还记得我第一次画图、做表、调格式都是田老师亲自教授的，田老师是一个温暖的老师，记得每个学生的事情，田老师有着画龙点睛、拨云见日的神奇本领，每一次和田老师讨论都受益颇多，醍醐灌顶。有幸登上三尺讲台，希望像田老师一样，爱憎分明，不忘初心。

　　感谢肖海峰教授、郑志浩教授、张正河教授和韩青教授在论文开题期间对本书选题、框架内容和研究方法等方面提出的宝贵意见和建议；感谢预答辩和外审期间，王秀清教授、陈永福教授、白军飞教授、秦富研究员以及各位匿名专家提出的中肯评价和修改建议；感谢论文答辩时冯海发教授、穆月英教授、乔娟教授、王志刚教授、聂凤英研究员、张照新研究员对论文针对性和建设性的建议。此外，还要感谢郭沛教授、司伟教授、武拉平教授、外导 Justus Wesseler、方芳老师、杨欣老师、王尧老师、陈琰老师等在学业和生活中对我的指导与帮助。

　　感谢师门大家庭的成员：杨帆、邵敬勇、关心、黄蓉、王丽明、张宇、王伊迪、张国鹏、邹杰玲、董政祎、赵培芳、刘议蔚、李杰，善良可爱的你们让我感到很温暖。风趣幽默的杨帆师兄总是给我们带来新鲜的热点资讯，热心体贴的邵敬勇师兄在我就业时给了莫大的帮助，真诚活泼的关心师姐总是给我们传递正能量，热情爽朗的黄蓉师姐和张宇师姐总是能给我们带来欢乐；尤其要感谢文艺知性的王丽明师姐陪我一起走过了研究生生涯，在生活和学业上一直相互陪伴，包容我的小脾气；可爱贴心的王伊迪师妹就像是一朵昂扬向上的向日葵，一直陪伴着我，在我最沮丧失意的时候，感谢你一直开导我；博学帅气的张国鹏师弟总是带我们探索新世界、新的美食、新的体验……；涉猎广泛的元气少女邹杰玲师妹，永远是我们最可爱的宝宝；细致靠谱的董政祎师弟细致严谨的学习态度和扎实的理论功底值得我学习；温婉体贴的大眼睛师妹赵培芳，无疑是师门的颜值担当，总是给人一种舒服亲善的感觉；初入师门的刘议蔚和李杰两位小师妹善良可爱。此外，感谢王丽红师姐、郭丽楠师姐、文春玲师姐和原瑞玲师姐、马欣师姐、夏文宇师兄、宋蓓师姐对我学业和生活的帮助与指导。

　　感谢我在中国农业大学的朋友：高道明、韩洁、王茵、王佳友、李浠萌、王子慧、吴舒、郝静石、张晓敏、耿仲钟、张亦弛、任建超、蔡鑫、王士权、王路安、王水莲、王雪娇、徐芬、程青、高鸣、舒畅爱（排名不分先后）等在学业和生活中给予的无私的帮助。尤其感谢"华袖昭—王者荣耀""自恋帮""京城美少女"等姐妹淘的支持，正因为有你们的鼓励和支持，我才能顺利完成学业。

最后，衷心感谢我的家人一直对我无私的关心和支持，感谢这21年求学路上你们默默地理解与支持，让我在前行路上无后顾之忧，你们永远是我最温暖的港湾！

感谢一直盛开的小兰！

感谢勇于晒霉菌的小香菇！

华　静

2019 年 4 月

目　录

第一章 导论

第一节 研究背景与研究意义

中国农业资源呈现刚性约束，资源匮乏和环境恶化与农产品供给的矛盾不断加剧，农业可持续发展遇到了前所未有的挑战：（1）人均资源储备少，耕地和水资源短缺，后备耕地资源不足。中国仅有世界9%的耕地和6%的淡水，却要养活世界20%的人口，同时环境恶化，自然灾害频发，19.4%的耕地受到污染①，而且中国农业发展过度依赖化肥和农药，使农业的边际效益递减，农业损失惨重。（2）农产品进口增加且缺口逐渐增大。一方面，2015年，中国年进口大豆8169万吨②，进口1000多万吨的谷物、大豆油、豆粕、玉米酒精糟粕等，按照国内现有的作物品系和技术水平折合计算，进口总量相当于6亿多亩耕地的产量。另一方面，中国居民的饮食习惯导致食用油消费（50克/天）高于世界卫生组织推荐的标准（5克/天）③，进口量正在逐年刚性增加。（3）中国农作物品种的研发和科技水平与一些发达国家相比还有相当大的差距，主要表现为商品性差、科技含量低、附加值低。

转基因技术被认为是一种技术创新，是解决人类面临的粮食安

① 《2014中国国际农商高峰论坛》，http://finance.sina.com.cn/hy/20140525/095719217642.shtml。

② 中国海关数据库。

③ APEC 2014，High Level Policy Dialogue on Agricultural Biotechnology and the Workshop.

全、资源短缺和环境污染等问题的有效途径之一。全球转基因作物的种植面积在过去 20 年间从 170 万公顷增加到 1.79 亿公顷①，种植面积增加了 100 倍以上，全球 28 个国家（包括 8 个发达国家和 20 个发展中国家）广泛采用，其中发展中国家已在全球处于领先地位。

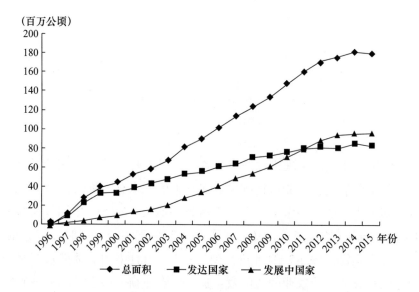

图 1 – 1　全球转基因作物种植规模及其演变（1996—2015 年）

资料来源：［美］克利夫·詹姆斯：《2015 年全球生物技术/转基因作物商业化发展态势》，《中国生物工程杂志》2016 年第 1 期。

中国发展转基因技术的基本出发点在于保障国家粮食安全和农产品长期有效供给，突破资源环境约束，提高农产品质量效益竞争力。中国的转基因技术发展较早，目前，转基因作物种植面积在全球排名第六，农业部共批准发放 7 种农业转基因生物的安全证书，从 1997—2009 年依次批准了抗病延熟番茄、抗虫棉花、改变花色矮牵牛、抗病甜椒、抗病番木瓜、抗虫水稻和高植酸酶玉米。中国大面积商业化种植的转基因作物是转基因棉花和转基因番木瓜。1997 年，中国开始种

---

① ［美］克利夫·詹姆斯：《2015 年全球生物技术/转基因作物商业化发展态势》，《中国生物工程杂志》2016 年第 1 期。

植转基因作物，农业转基因作物种植面积由最开始的 670 公顷到 2016 年的 400 多万公顷，2016 年中国种植转基因棉花 370 万公顷，转基因棉花的种植面积约占总种植面积的 67%，抗病番木瓜（转基因番木瓜）种植面积为 7000 多公顷，转基因白杨种植面积为 543 公顷。批准进口的转基因生物包括大豆、玉米、油菜、棉花和甜菜 5 种作物，主要用于加工原料，其中转基因大豆是中国进口的最主要农产品，年均进口量均在 5000 万吨以上，且进口趋势不断上升，转基因农产品的进口量逐渐增加。

然而，农业转基因技术的研发与应用也面临着比较复杂的现实问题，当前转基因技术的发展引发了前所未有的争论，并因个别事件而不断升温。围绕转基因技术的争论从未消歇，争论由最开始的安全性问题逐渐蔓延到社会、道德和伦理等领域，并引发了一系列经济和社会问题，加之媒体报道的发酵，与此相关的诸多社会热点更是让部分公众对转基因技术的安全性产生怀疑和分歧。公众对转基因技术的认知并不全面、态度模糊，对转基因技术的潜在生态和健康风险表示迷茫和担忧，公众对转基因技术的态度会影响其食品购买行为，进而影响整个转基因食品行业的发展。

对当前问题的有效认识、处理和控制将主要依赖政府准确、高效、及时的规范与约束，即转基因技术的社会规制。所谓转基因技术的社会规制指的是政府对转基因技术及产品实行的安全管理，例如，转基因实验研究严格的实验室要求、转基因生物的安全评价、转基因试验的隔离措施、对转基因生物实行进出境检验和转基因食品的强制标志等方面的法规规定。

一方面，农业转基因技术的安全性需要有效的政策供给来进一步规范和约束，政府需要加强转基因全产业链的安全管理，包括研发、试验、生产、加工、流通、贸易和标志等阶段的管理制度，在制定规制决策时，必须考虑各利益相关主体的认知和态度，规范产业链上各环节利益主体的行为。

另一方面，当前社会规制中涉及的各利益相关主体对转基因技术及其应用（主要包括转基因作物和转基因食品）的认知并不全面，应加强各利益主体间的风险交流，提高各利益主体的认知行为，这是迫在眉睫的事情。目前，中国对农业转基因技术的社会规制手段不足，与产业发展及社会需求不同步，对利益主体认知行为和态度的反映不充分。因此，从利益相关者认知的角度出发，探究完善农业转基因技术应用社会规制框架体系十分必要。

生物技术应用是一个新兴产业，目前关于生物技术尤其是农业转基因技术的社会规制研究很少，本书是对转基因技术应用社会规制理论研究的一项尝试性探索，具有以下三个方面的意义：

（1）通过理论和实证研究识别主要利益主体对农业转基因技术应用的认知水平和行为态度，有助于从根本上厘清影响各主体转基因技术认知水平和行为的关键因素（户主禀赋因素、家庭因素、环境因素和信息因素等）以及各主体间关于转基因生物安全风险交流的有效途径，为综合提高社会公众对转基因技术的认知水平提供政策诉求。

（2）基于利益相关者行为理论，将主要利益相关者行为分为同类行动者内部和不同行动者之间两种情况进行博弈分析，剖析转基因技术社会规制各利益主体之间利益协调的行为过程，为政府如何规范和约束各利益主体行为提供理论依据。

（3）从认知视角出发，剖析各利益相关主体的认知行为对转基因技术应用社会规制的影响路径和影响程度，进而探究影响社会规制的关键因素，有助于更好地识别认知与社会规制的关系；结合农业转基因技术应用社会规制的绩效评估，构建农业转基因技术应用社会规制的框架体系，对进一步完善农业转基因技术全产业链的社会规制体系建设有重要实践意义。

第二节　国内外相关研究综述

国内外学者在农业生物技术方面的研究早期主要围绕如何利用成熟的转基因技术研制出更多的符合现代标准的转基因经济作物，随着转基因作物商业化推广种植，极大地促进了学者对转基因技术应用的认知研究。随着研究逐渐深入，研究的重点由生物技术的研发逐步转移到生物技术所能创造的经济效益、衍生出的风险分析，生物技术的应用对人类健康、生态环境潜在的影响，目光更多地集中在社会规制的基本理论和绩效评估方面。

一　国内外关于农业转基因技术应用的认知水平与社会规制的研究

现有农业转基因技术应用与社会规制的相关研究主要包括以下六个方面：

（一）农业转基因技术的发展情况

全球转基因作物的种植面积在过去20年间从170万公顷增加到1.79亿公顷，种植面积增加了100倍以上，转基因技术具有广阔的发展前景，全球28个国家广泛采用，其中20个国家为发展中国家。在转基因作物种植面积前十位的国家中，8个为发展中国家，发展中国家已在全球处于领先地位（Clive，2016）。全球市场上存在的转基因食品主要有玉米、大豆、番木瓜、番茄、甜菜、棉籽油、油菜籽油以及这些食品的进一步加工产品等，为转基因作物多样化健康发展奠定了根基。

掌握现代生物技术核心的典型发达国家是以美国为首的生物技术大国，它们主导转基因技术知识产权体系，使发展中国家进军全球转基因市场具有一定的难度（孙洪武和张锋，2014）。相比较而言，虽然中国转基因作物在一些研发领域与发达国家之间的差距逐渐缩小，但是，当前国内的研发模式难以提升生物技术产业的综合竞争力，应该基于中国的实际国情进一步完善知识产权保护体系（许春明和单小光，2007）。与此同时，在国际贸易市场上，如果发展中国家缺乏采用或执行特性保管和分离制度的必要能力，出口会遭到发达国家的抵制，因为发达国家的市场要求对转基因食品和非转基因食品实行严格的标签和身份维护制度，在这种情况下，生物技术可能会拉大发达国家和发展中国家之间的差距，使国际贸易进一步区域化（盖斯福德，2003）。中国在转基因生物的研发领域取得了积极成效。转基因技术领域的整体研究水平位于发展中国家的前列，在某些领域，如籼稻的全基因组测序、抗虫棉的研究等，更是与发达国家的先进水平不相上下。随着转基因生物领域竞争的加剧，我国政府必须不断加强对转基因领域的重视程度，采取更加积极的态度去开展相关工作。在生物技术领域，转基因作物及转基因产品的安全性（主要包括对人体健康和生态环境的安全性两个方面）争论是讨论最激烈的问题，生物技术研发投入多、易模仿的特点使生物技术的专利保护显得更为重要。专利保护是知识产权保护最重要的内容（李永明和潘灿军，2003；郝晓峰，2014），我国的专利制度起步较晚，农业生物技术保护仍然存在申请总量很少、覆盖范围小、技术含量偏低等问题（郑英宁等，2004），应从制度上构建企业专利保护制度和激励机制，鼓励企业保护知识产权，有效地实现从科研开发到市场销售等各环节的专利保护工作，推动生物技术企业知识产权保护长远健康发展。

（二）农业转基因技术应用的社会认知水平评价研究

生物技术在大规模产业化推广应用过程中，各利益相关主体参与其中，利益集团的存在会促进转基因技术应用社会规制的多元化和合理化，因此，政府在制定转基因技术应用政策时，必须考虑各利益相关主体（消费者、农户、企业、科研机构和政府部门）对转基因技术及应用的认知行为和态度。

1. 消费者对转基因食品的认知行为研究

转基因技术在发展过程中一直伴随着巨大的争议，消费者如何看待转基因技术及其产品成为此项技术发展的重要因素。已有研究以消费者对转基因食品的认知行为及态度为研究重点展开了大量研究。研究结果表明，各国消费者对转基因食品的认知水平普遍不高，并根据各国消费者对转基因食品的认知程度和接受程度，将典型代表国家分为两类：一类是美国和加拿大正在消费大量的转基因食品，消费者对转基因食品是默认接受的态度。2006 年，美国 The Pew Initiative on Food and Biotechnology 研究组织对公众进行第五次关于转基因食品态度的调查研究，在 1000 名美国被访消费者中，34% 的消费者认为，转基因产品是安全的，可以放心食用；有超过 29% 的认为，转基因食品并不安全；剩余 37% 的消费者处于观望态度，没有明确表态。另一类是相比于美国、加拿大等国的宽松政策,欧洲和日本等国家的消费者对转基因食品就比较抵触。布雷达尔(Bredahl,2001)针对丹麦、德国、英国和意大利欧洲四国的调查表明,欧洲当地消费者对转基因食品的态度比较坚决,购买意愿较低,欧洲国家长期对转基因技术持审慎甚至消极的态度很大程度上影响了当地消费者对转基因食品的认知和态度。

国内学者主要是在理论角度和实证调研方面研究消费者对转基因食品的认知情况。白军飞(2003)研究了城市消费者对转基因食品的认知和态度,结果表明,我国消费者对转基因食品已有一定的认识,但仍与发达国家存在一定的差距。黄季焜等(2006)以我国东部5省(市)11个城市作为调研地点,针对不同功效属性的转基因食品进行实地调研,测算出中国消费者对转基因食品的接受程度相对较高。周慧等(2012)在北京、上海、深圳、重庆、苏州和武汉6大城市开展了消费者对转基因食品认知情况的调查与研究,结果表明,消费者对转基因食品的认知水平虽然比十年前有所上升,但是,认知程度仍然偏低,需要科学家、媒体以及政府部门的合力,加强转基因技术科普宣传工作,拓宽转基因技术信息传播渠道,进一步完善转基因食品生产、加工和流通等环节的监管,以期进一步重拾消费者对转基因食品的信心(周慧和齐振宏,2010)。张熠婧等(2015b)基于2013年全国15省(市)城镇居民的调查数据,结果表明,2013年与2002年相比,消费者对转基因食品的认知水平和生物技术知识水平均有很大程度的提高,但消费者对转基因食品的接受程度却明显下降,说明媒体关于转基因技术及食品的负面报道对消费者产生了消极影响。

国内消费者关于转基因食品认知的调研结果如表1-1所示。

表1-1 国内消费者关于转基因食品认知的调研结果

研究者	调研区域	调研方案	样本数量	主要结论
周峰 (2003)	北京	随机抽取(超市入口、电梯旁、依次在每一货架边抽取)	459	62.3%的受访者听说过转基因食品

研究者	调研区域	调研方案	样本数量	主要结论
钟甫宁和丁玉莲（2004）	南京	电话访谈（南京市居民家庭）	480	南京市消费者中听说过转基因食品的不到50%
黄季焜等（2006）	北京、上海、山东、江苏、浙江5省（市）11个城市	随机选择消费者（大城市：北京和上海；中等城市：南京、济南和宁波；小城市：德州、威海、盐城、南通、绍兴等）	1671	对转基因技术和食品了解少
张孝（2007）	吉林省	随机选取消费者	250	整体认知度较低
周慧等（2012）	北京、上海、深圳、重庆、苏州、武汉6市	超市、商场休息区和饮食区广场、住宅区	1186	科普活动参与度低，消费者对转基因食品认知程度低
陈超等（2013）	上海、重庆、广州、南京、江苏5省（市）	随机抽取消费者	991	对转基因技术知识的了解仅为常识判断，对具体的技术应用缺乏认知
张熠婧等（2015b）	北京、上海、江苏、浙江等15省（市）	大学生返乡调研，亲戚、朋友或邻居进行面对面的访问	952	消费者对转基因食品的认知水平有很大程度的提高，但接受程度明显下降

资料来源：笔者根据已有研究文献整理而得。

2. 生产者对转基因作物的认知行为研究

农户作为理性的农业生产主体，会综合考虑农业成本和收益问题。在市场需求和转基因技术成本投入不确定时，他们必须在常规传统技术和生物技术之间做选择，他们对转基因作物的种植意愿会直接影响转基因新品种的商业化种植，而在风险不确定和信息不对称时，农户对转基因作物的种植意愿与他们的认知水平又直接相关。国内外研究学者围绕农户对转基因作物接受程度和种植意愿展开研究，研究内容主要包括如下：（1）农户自身禀赋特征（如性别、年龄、受教育程度等）对种植行为与态度的研究（Chianu，2004）；（2）农户的主观感觉是否会对种植意愿产生作用（Sall and Norman，2002）；
（3）农户转基因作物认知程度对接受意愿的影响研究及其中介作用研究。其中，徐家鹏和闫振宇（2010）以湖北地区稻农为研究对象，探究当地农民对转基因技术作物的潜在种植意愿。刘旭霞和刘鑫（2013）的研究品系也是转基因水稻，剖析了湖北农户对转基因水稻的认知水平与种植意愿情况，并进一步考察湖北地区种植转基因水稻的可行性。王玉斌和华静（2016）对北京、武汉和兰州3个城市郊区的农户对转基因作物的认知及种植意愿展开调查，结果表明，农户转基因作物种植意愿呈现空间依赖性，相邻农户往往表现出相似的种植决策行为。综合已有成果表明，农户转基因作物的认知水平对自身种植意愿有显著的正向作用，应拓宽转基因技术的推广和宣传途径，提升农户对转基因作物的认知水平，并增强抵御农业转基因作物潜在风险的能力（陆倩和孙剑，2014）。

3. 生物企业对转基因技术的认知行为研究

生物技术企业是生物技术研发和转基因产品的重要供给者，对于推进转基因技术产业的健康发展具有关键作用。企业在运作过程中以利润最大化作为主要目标，当转基因农产品市场出现新的技术或者产品时，企业首先预判这项新技术或者新产品能否给企业带来利润。如果这项新技术或者新产品能够扩展该企业的业务领域并增加销售额，该生物企业便倾向于运用、生产并销售该转基因农产品。反之，则倾向于避开风险。张孝义（2007）对80家不涉及转基因作物的企业进行转基因作物的认知调查结果表明，有30.77%的被调查者认为，假如涉及转基因作物的业务会给企业带来可观的利润收入，且主营业务为农作物深加工和牲畜、家禽饲养加工的企业对转基因作物的认知程度较高。娄少华（2009）对72家企业进行有效调查研究表明，66.15%的企业对转基因作物是否有害人体健康不确定，同时制药企业对转基因作物的认知低于农作物加工企业以及牲畜、家禽饲养加工业，但是，了解我国转基因作物相关法律法规的企业有29家，说明现代生物技术企业在正在逐步增强对转基因作物的了解和探究。

4. 科研机构对转基因技术的认知行为研究

科研机构的主要功能是为企业和用户开发新的产品，研制新的技术，制定行业或产品的标准，参与有关法律法规的制定并以提供科技推广与人员培训为主要责任的社会服务。娄少华（2009）调查了45家科研机构，结果表明，科研机构对转基因作物的认知水平明显高于消费者、农户和企业三个主体，这45家科研机构表示听说过转基因技术及转基因作物，且非常了解转基因作物的优势及潜在风险，并熟悉我国转基因技术的管理法规。

（三）影响农业转基因技术及应用的认知水平的因素研究

转基因技术的认知水平受到多方面因素的共同影响，深入剖析各主体对转基因技术及产品认知行为的关键因素，有利于促进政策诉求，已有大量文献将研究重点放在转基因技术及应用认知水平的影响因素的实证研究上。

1. 影响消费者对转基因食品认知程度的因素分析

二元选择模型和多元 Logistic 模型被广泛地用于剖析影响消费者对转基因食品认知行为和态度的关键因素，影响因素主要包括消费者的个体禀赋特征（白军飞，2003；Hallman，2004；Huffman et al.，2007；George，2007；Kimenju and Groote，2008；Lockie et al.，2002；Stewart et al.，2005；Montserraat et al. 2007；张熠婧等，2015b），如年龄、受教育程度、收入、职业、居住地、健康状况、风险偏好、消费需求及宗教信仰等，消费者对政府监管部门的信任水平（仇焕广等，2007b），消费者获取转基因技术及转基因食品的信息来源及信任度（Huffman et al.，2007；Tegene et al.，2003；Corrigan et al.，2009；郑志浩，2015b），消费者对转基因食品的认知水平（Lindeman，2005）以及媒体等多种因素。

（1）消费者个体特征。徐丽丽等（2010）提出，性别、年龄、健康状况、居住地和宗教信仰等非经济因素不会轻易改变，很难引起消费者对转基因食品态度的转变。已有研究表明，性别因素显著影响消费者对转基因食品的接受意愿，男性对新技术和新事物的接受度较高，年长者相对于年轻人对转基因食品的接受程度较低（周慧等，

2012）。职业类型、受教育程度、收入水平、风险偏好程度等因素是影响消费者对转基因产品认知水平及态度的关键因素，尤其是收入这个因素，大部分实证研究表明，随着消费者收入水平的提高，消费者对转基因食品的接受程度会逐渐下降。可能的原因在于，消费者收入水平不断提高，消费者对转基因产品的关注点从价格逐步转向"安全性"问题，加之转基因产品"安全性"定论一直存在争议，导致高收入消费者群体对转基因食品的接受程度低于低收入消费者；关于受教育程度这个变量对消费者转基因食品接受程度的影响方向争议较大，部分学者认为，消费者的受教育程度越高，对转基因食品的接受程度越高，然而，部分学者却认为，两者是负向关系（Huffman et al.，2007）。

（2）信息传播渠道。新技术信息的来源主要来自各利益相关主体和第三方机构。农业生物技术企业通常会传播生物技术的正面信息，然而，国际环境组织则会发布转基因技术的负面信息（盖斯福德，2003），当转基因技术信息来源于生物技术企业时，消费者对转基因食品的购买意愿明显增强；当信息来源于环境组织时，环境组织传播的负面信息显著降低消费者的需求意愿；而当信息来源于独立的第三方机构时，发布的信息更为客观，对负面信息带来的外部性起到了一定的缓冲作用。

国外学者对信息如何影响消费者的行为进行了全面系统的研究，消费者会夸大负面信息影响，致使负面信息左右了全面信息的整体影响效果（Tegene et al.，2003；Corrigan et al.，2009）。赫夫曼等（Huffman et al.，2007）运用经济实验法研究了不同信息来源的信息对消费者关于转基因食品态度的影响，结果表明，对转基因尚未形成态度的消费者极易受新转基因食品信息的影响，而对转基因已经形成态度的消费者对新转基因食品信息则几乎没有反应。郑志浩（2015b）研究了改善环境、改善营养和改善环境与营养的转基因水稻正反两方面信息对消费者接受转基因大米的影响，结果表明，这三类转基因水稻信息均对消费者行为产生了负向影响，中国消费者更倾向于放大正反两方面信息中的负面信息效应。信息信任度这一因素也会对消费者的行为态度产生影响，消费者对专业可靠的信息来源越信任，自身感知风险越小，则感知收益越大，对待转基因技术应用的态度越积极（张明杨和展进涛，2016）。

（3）消费者对政府管理水平的信任。国外的部分文献表明，政府公信力在消费者对转基因食品态度的形成和转变过程中起着关键作用（Gaskell and Allum，1999）。加斯克尔（Gaskell，1999）研究表明，消费者对政府公共管理能力信任程度的提高可以弥补消费者由于自身知识不足而对转基因食品产生的担心，这也便解释了欧美消费者对转基因食品态度的差异性；部分研究认为，消费者对转基因食品的风险认知能力在一定程度上受政府监管能力信任度的影响，进而影响消费者对转基因食品的接受程度（Hossain et al.，2003）。国内的已有文献也论证了政府信任能力这一因素的作用（白军飞，2003；仇焕广等，2007）。黄季焜等（2006）构建计量模型表明，消费者对政府监管能力越信任，中国消费者对转基因食品接受程度越高，仇焕广等（2007）的研究也验证了这一结论，表明两者之间呈正相关关系，同时指出了消费者对政府信任程度的内生性问题，忽略该变量的内生性会明显低估政府信任对消费者接受程度的影响。

2. 生产者对转基因作物认知的影响因素分析

众多国内外学者围绕农户对转基因作物的态度和行为进行了研究（例如 Sall and Norman，2000；Chianu and Tsujii，2004；徐家鹏和闫振宇，2010；刘旭霞和刘鑫，2013；陆倩和孙剑，2014；王玉斌和华静，2016）。结果表明，当前农户对转基因技术的认知有限，对转基因主粮种植的潜在意愿较低；户主自身禀赋特征、家庭特征、风险偏好、转基因作物信息获取来源以及农业政策等因素对农户的转基因作物认知水平和种植意愿均有影响，建议应拓宽转基因技术的推广和宣传途径，增强农户对转基因作物的认知水平和抵御潜在风险的能力（陆倩和孙剑，2014）。

图1-2描述了农户对转基因作物的认知、风险偏好与种植意愿的影响机制。

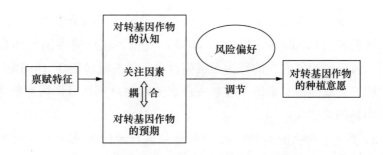

图1-2　农户对转基因作物的认知、风险偏好与种植意愿的影响机制

（1）生产者的个体特征。在农户个体特征中，家庭人口数、种植面积、家庭收入、兼业程度、自家消费总量等因素均对农户转基因作物的认知水平产生影响。李用鹏和孙剑（2013）运用武汉市农户的实地调研数据，构造二元选择模型，研究影响农户对转基因作物认知水平的因素，结果表明，户主的年龄对转基因作物的认知水平有显著负向影响，户主年龄越大，观念就越守旧，同时不愿接触新技术和新品种。同样，农户家庭人口数与转基因作物的认知程度呈负相关，如果农户家庭成员数较多，外出务工的比例就会较大，家庭成员中对转基因技术的关注度更低（李维，2010）；农作物种植面积与转基因作物的认知程度呈显著正相关，因为转基因技术节省了人力投入和物质投入，明显改善农业生产效率，进而提高了家庭经济效益（齐振宏等，2009）。

（2）生产者的生产行为特征。农户在采纳新技术时，一般把风险最小化和利润最大化作为种植决策的最终目标（宋军等，1998）。如果新技术带来的预期风险过大，新技术的潜在收益小于投入成本，农民会放弃采用新技术。农民对转基因作物的产量预期、价格预期越高，农药化肥投入、人工投入、销售难度预期越小，农户对转基因作物的种植意愿越高（王思明和夏如冰，2005）。相邻农户之间的信息交流有效地减少了转基因技术的信息传递与信息获取成本，并在一定程度上影响农户转基因作物认知水平和种植意愿，部分学者阐释了种植决策空间依赖性的重要性。埃格里（Egri，1999）以有机农业为研究对象，认为使用传统技术的农户通常通过与已采用有机农业生产技术的农户交流来获取技术信息，从而有效地减少了人力资本投入。拉普尔和凯利（Lapple and Kelley，2013）发现，农户的决策行为会随着关系较好的相邻农户的行为而发生改变。王玉斌和华静（2016）研究表明，转基因信息来源于相邻农户交流对农户转基因作物种植意愿具有明显的正效应。

3. 影响生物企业和科研机构对转基因技术认知水平的关键变量研究

国家相关法规和企业自身生产状况等条件会在一定程度上影响生物企业对转基因技术及应用产品的认知程度和行为态度。具体包括：①生物企业是否从事与转基因技术相关的业务，主要考量指标是成本收益问题，在此基础上，转基因产品市场的需求，也就是消费者对转基因食品的购买意愿也是企业重点关注的因素。②企业规模和企业业务的涉及程度，随着转基因技术的不断发展，转基因技术已经广泛地应用于农业、生物制药等多个行业，生物企业对转基因技术业务的投资量也会根据行业发展前景进行调整。③转基因技术或作物管理法规的完善程度，涉及转基因技术的生物企业的良好运营发展需要健全的国家法律法规来支撑保障（娄少华，2009）。

科研机构的基本职责是为企业和用户研发出新的转基因作物新品种和新的技术，并参与制定农业转基因技术行业的标准和相关管理规定。有鉴于此，资金来源和科研团队的素质水平是影响科研机构对转基因技术及应用的关键驱动因素。

（四）利益相关者行为分析

转基因作物和食品领域涉及的主要利益相关者包括政府、社会组织、研发部门、生产者、销售者和普通公众等主体（管开明，2012；王中亮和石薇，2014；王若冰，2015）。管开明（2012）将转基因作物及食品的主要利益相关者分为核心利益相关者（普通公众）、直接利益相关者（从事转基因技术和食品研发的科学家、生物技术公司、种子企业、专利拥有者和转基因作物种植者、转基因食品加工者和销售者）、间接利益相关者（非转基因作物种植者或农民和普通食品的生产者、销售者）和重要利益相关者（政府部门）等。

一般来说，涵盖政府行为、企业行为和消费者行为模式（张璐，2013）。在企业行为方面，张璐（2013）从食品安全的供求理论、企业的动机理论和企业的行为理论具体剖析了食品企业的决策行为；安南达尔（Annandale，2000）认为，政府规制类型、组织学习方式、公司文化以及利益相关者理论会影响企业对安全食品的供给，而生产者行为会直接影响其所提供食品的安全性；赵亮（2003）利用食品企业的微观数据调研发现，食品生产企业存在生产原料以次充好、加工工艺存在污染、储存管理混乱等问题，与安南达尔（2000）的结论一致。在消费者行为方面，布雷沃等（Brewer et al.，1994）认为，消费者对于不同类型的食品安全问题的态度存在差异。里马尔（Rimal，2001）的研究结论也验证了布雷沃的观点。他认为，消费者的实际行为与他们调查时的态度和行为经常是不一致的，即使消费者非常关注食品安全问题，但很少因为关注而改变购买行为。在政府行为方面，国内学者主要偏向于食品安全政策分析以及市场失灵情况下政府的规制问题（周德冀和杨海娟，2002；周学荣，2004）。

最初的研究集中在各利益主体对转基因技术及产品的态度和态度差异的影响因素（Frewer and Salter，2002；Aerni，2002；Wald et al.，2013；Amin and Hashim，2015）。为了探究各利益主体的行为协调过程，博弈分析被广泛地用于食品安全利益相关主体的行为态度分析中（孟菲，2009；张璐，2013；田梦华，2015），部分学者从利益相关者角度对转基因食品的社会评价进行分析，解释了利益上的差别导致各利益相关主体在转基因食品评价上的差别与对立（毛新志，2008；肖琴等，2012；管开明，2013；霍有光和于慧丽，2016）。各利益相关主体对转基因技术及食品的态度也会影响政府决策的制定（Philipp Aerni，2005），Aerni 研究了 2000 年南非的利益相关主体对转基因食品的争论态度对当地政府 2004 年关于转基因技术发展政策的影响，结果表明，科研机构、政府、生产者和消费者组织对转基因技术的发展持积极态度，而非政府组织的态度则较为消极。随着研究的深入，Aerni 和 Bernauer（2006）把研究对象扩大到 3 个发展中国家，涵盖菲律宾、墨西哥和南非，具体解析了各利益相关主体的行为态度对国家政策的影响机制。

（五）转基因技术应用社会规制的政策和模式选择

国外学者以美国、欧盟、巴西、日本、英国、加拿大、瑞士、埃及等国家为研究对象，梳理并探究农业生物技术社会规制的政策和模式，研究认为，转基因技术管理涉及经济、伦理、道德、环境等多方面。伊洛娜尔（Ilonal，2006）尝试性地从理论方面对美国和欧盟关于转基因技术应用社会规制的模式进行了异同分析，并进一步剖析了影响规制模式选择的关键因素，具体表现在不同国家间的经济、社会和文化的差异。随着研究的进一步深入，Carson 和 Lee（2005）运用GTAP 模型对比解析了转基因技术对欧美社会福利的影响，结果表明，欧盟为了保护成员国种植者的利益对转基因食品进口实施严格监管。李宁等（2010）以美国、澳大利亚、日本和欧盟等 7 个具有代表性的国家为研究对象，对转基因技术的管理理念、法规体系和监管措施进行了比较，进一步总结中国转基因技术规制的经验。张彩萍和黄季焜（2002）认为，农业转基因技术发展政策的制定受各个国家经济所处的发展阶段、农产品贸易地位、各自国家对生物技术的依赖性、各利益主体对转基因技术的接受程度和政治风险等因素共同影响。

谢里夫金和罗伯特（Sherefkin and Robert，2001）根据转基因技术知识产权保护、转基因技术的安全性监管、转基因农产品贸易、消费者行为和购买意愿以及转基因技术研发投入等因素，将各国转基因生物安全政策模式划分为鼓励式、禁止式、允许式和预警式 4 种类型。陆群峰和肖显静（2009）基于中国的实际国情，以 2001 年作为分界点①，把中国转基因生物安全政策模式的发展与转变分为两个时间节点：1996—2001 年为允许式的农业转基因生物安全政策；21 世纪初直至今日，农业转基因生物安全政策在我国演变成了预警式。

1986 年美国颁布的《生物技术管理协调框架》是美国第一个生物技术安全管理法规，形成了转基因技术监管的基本框架。1996 年以后，全球转基因作物的种植面积成倍增加，关于转基因技术的规制内

---

① 2001 年国务院颁布《农业转基因生物安全管理条例》。

容不再仅仅局限于实验室的安全管理，各国相继制定并完善农业转基因技术应用的社会规制相关内容，涵盖研发、试验、生产、加工、流通及进出口等各个环节。

（六）社会规制的绩效评估分析

政府规制通常是指政府部门根据相关法规对被规制者（通常为企业）行为进行干预以弥补市场失灵，政府规制主要包括经济规制和社会规制。国外学者越来越重视社会规制，在研究的逐渐深入过程中，引入了成本—收益计算方法，如何测算社会规制的成本和收益成为绩效评估的关键，从而可以更好地解释社会规制的经济含义。施蒂格勒（1996）从社会福利视角测算了社会规制的成本和收益。与施蒂格勒的研究角度不同，植草益（1992）从规制失灵角度出发，进一步分析规制成本。在前人研究的基础上，维斯库斯、哈林顿、弗农（2004）将研究视角进行拓展，从风险不确定性角度进行研究，得到了提高规制效率的方法，最终实现减少风险的目的（盖斯福德，2001）。

相较于国外的社会规制研究，目前国内学者关注的重点仍在于经济性规制。已有规制绩效的研究主要包括规制绩效和规制绩效评估两类主题。第一类主要是运用定量方法对经济规制进行绩效评估，如何立胜和樊慧玲（2005）主要从信息不对称、垄断竞争和政府自身等方面设定了相关定量指标。第二类规制绩效评估的研究较少，樊慧玲（2008）采用成本收益和规制绩效指数方法对社会规制绩效进行测度，剖析评估政府在转型过程中的绩效，此项研究有利于提高政府部门的社会规制绩效，实现社会规制的可适性变革。

二 对已有研究的评述

已有研究在以下三个方面取得了一定的成果：

（1）社会规制的经济学理论体系已经较为清晰，但是，专门针对农业转基因技术应用社会规制方面的研究略微不足。

（2）转基因技术社会认知水平调查的研究思路已经渐趋成熟，但已有研究多集中在消费者对转基因食品的认知及购买意愿或者农户对转基因作物的认知水平等方面，缺少各利益相关主体的认知行为对农业转基因技术社会规制影响的研究。

（3）关于代表性国家社会规制政策和模式的经验研究已经较为完整。

从目前来看，农业转基因技术社会规制还存在深入研究的空间：

（1）对农业转基因技术社会规制的研究较少，尚未形成体系的理论成果。已有社会规制的研究偏重于食品、药品、安全生产等领域的经济活动及效果，以农业转基因技术应用社会规制为对象的研究较少，尤其缺乏整个转基因产业链的规制研究。

（2）对于转基因技术认知水平的调查多针对单一主体行为选择，如仅限于消费者对转基因食品的认知行为或者农户对转基因作物的种植意愿等，缺乏对多个利益主体行为研究及其对转基因技术社会规制的影响研究。尚未见到以各利益主体的认知为出发点，探究认知与社会规制之间关系的研究，缺少认知对社会规制的影响路径和影响程度的研究成果。

（3）对转基因技术应用社会规制政策和模式研究主要从主体、方式和特点等方面进行，对农业转基因技术应用社会规制绩效评估的分析有限。

针对上述问题，本书通过实地调研分析主要利益相关主体对农业转基因技术的认知水平和行为态度，探究各利益相关主体之间利益协调的行为过程，重点分析利益主体认知行为对转基因技术应用社会规制的影响路径和影响程度，剖析影响农业转基因技术应用社会规制的驱动因素，结合转基因技术应用社会规制的绩效评估，构建完善农业转基因技术应用社会规制的框架体系，并提出相应的政策建议。

第三节　研究目标与研究内容

一　研究目标

（一）总目标

从社会认知角度出发，剖析利益相关主体的认知行为对农业转基因技术应用社会规制的影响路径，进一步完善农业转基因技术全产业链的社会规制体系。

（二）具体目标

（1）了解农业转基因技术应用社会规制的供需现状，阐述社会规制的必要性。

（2）识别主要利益相关主体对农业转基因技术应用的认知水平和行为态度及其驱动因素。

（3）明确农业转基因技术应用社会规制中各利益相关主体利益协调的行为过程。

（4）判明利益主体对农业转基因技术应用认知行为及对社会规制的影响路径和程度，识别农业转基因技术应用社会规制的影响因素，并在此基础上构建转基因技术社会规制绩效评价体系。

（5）提出完善农业转基因技术社会规制体系的思路和方向。

二 研究内容

本书包括九章内容，各章内容介绍如下：

第一章是导论。在介绍研究背景的基础上，梳理国内外关于转基因技术应用的认知水平和社会规制方面的相关文献，并进行综述和评价；阐述研究目标、研究内容、研究方法、研究思路和调研方案，提出本书可能存在的创新点。

第二章是概念界定与理论基础。对转基因技术、转基因技术应用、转基因生物、转基因产品、社会规制、农业转基因技术应用社会规制等基本概念进行界定，在此基础上解析研究对象，并基于生物技术经济学理论、利益相关者行为理论、规制供需均衡理论、市场失灵理论和博弈论等理论进行理论阐述。

第三章是农业转基因技术应用社会规制的运行状况。回顾农业转基因技术的发展态势；对农业转基因技术应用社会规制进行供需分析，基于规制供需理论，实地调查分析消费者、农户、生物企业、科研机构工作者以及政府部门等不同利益主体对转基因技术及产品社会规制的需求；从社会规制立法、规制制度、规制体系和规制监管执法等方面梳理我国转基因技术及产品社会规制的发展和运行现状，解析转基因技术应用社会规制的必要性，进一步探究转基因技术应用社会规制存在的问题。

第四章是利益相关主体对转基因技术应用的认知水平及行为分析。认知是社会规制的前提和基础，为了进一步探究各利益主体的认知行为，本章将对涉及农业转基因技术及应用的科研机构、企业、农户、消费者和政府部门进行农业转基因技术认知水平调查，选择北京、武汉和兰州3个样本城市，采用问卷调查和深度访谈方式，了解各主体对转基因技术的认知程度；根据问卷调研结果，采用统计检验和实证模型，具体分析5个行为主体对转基因技术的社会认知水平和行为态度及其驱动因素，相关控制因子包括个人禀赋、家庭特征、风险偏好、信息来源和政府信任度等，并根据各主体对转基因技术及应用的态度进行分类。

第五章是农业转基因技术社会规制中利益相关主体的博弈分析。规制者、被规制者和规制受益者之间的利益协调过程是农业转基因技术社会规制的重要权衡点。本章将运用静态博弈和动态博弈模型方法，分同类行动者内部和不同行动者之间两种情形对主要利益相关主体进行利益协调行为分析，解析各个利益主体之间利益协调的行为过程；基于信号传递博弈模型，探索性地引入消费者主体，构建政府、企业和消费者三方动态博弈模型，测度不同程度的消费者关注对社会福利的影响，从而更加全面地阐明转基因技术社会规制中多方利益协调的有效性。

第六章是农业转基因技术应用认知对社会规制的影响分析。认知与社会规制相互影响，有效的规制手段和良好的规制效果能够改善公众对转基因技术相关政策的认知程度，同时由于政府在制定决策时必须考虑消费者的知情权和选择权，公众的认知反过来也会在一定程度上影响了农业转基因技术应用的社会规制。为进一步探究转基因技术的认知对社会规制的影响路径和影响程度，本章将根据调研问卷结果，结合各主体对转基因技术过程中现行规制的评价和期望，从理论上解析认知与社会规制的关系，并构建消费者认知行为对转基因技术社会规制影响的假说模型，选取各利益相关主体对转基因技术的认知和规制为内生潜变量，并运用结构方程模型（SEM）探究各主体认知行为对社会规制的影响路径和影响程度；最后运用 DEMATEL 方法，构建影响农业转基因技术社会规制的关键因素模型，涉及的因素包括公众信息获取渠道、公众受教育程度、企业销售利润和科研机构的科研能力等变量。

第七章是农业转基因技术应用社会规制绩效评估。绩效评估是一种考量社会规制是否有效运行的方式，以转基因水稻作为典型案例，利用成本—收益方法（RIAM 模型），从生态环境规制、安全规制、营养规制、健康规制、社会经济问题规制等方面构建我国转基因技术应用社会规制绩效评价指标体系，对我国生物技术应用社会规制的绩效进行评估，为政府如何完善现有规制和自身职能提供侧重点和改革方向。

第八章是农业转基因技术应用社会规制体系的经验与启示。如何完善农业转基因技术社会规制的框架体系是本书研究的落脚点。梳理美国、日本、欧盟等国家的农业转基因技术应用社会规制框架体系，借鉴其社会规制体系模式的经验，提出完善我国农业转基因技术社会规制的思路和方向。

第九章是主要结论与政策建议。在系统地总结全书研究结论的基础上，提出政策建议，并探讨本书研究的不足和进一步研究的问题。

三　拟解决的关键问题

本书拟解决的关键问题主要有以下三个方面：

（一）各利益相关主体对农业转基因技术应用的认知水平和行为态度，是完善农业转基因技术应用社会规制框架体系的前提和基础

认知的准确把握和控制是规制的前提，本书对转基因技术应用社会规制中涉及的消费者、农户、生物企业、科研机构和政府部门等利益主体进行农业转基因技术及应用认知水平调查，对北京、武汉和兰州 3 个样本点采用问卷调查和实地访谈的方式了解当地对转基因技术应用的行为态度，并进一步剖析各主体对农业转基因技术及应用态度行为的驱动因素。

（二）利益相关主体的认知行为对社会规制的影响路径和影响程度分析，是农业转基因技术社会规制体系建设的重要内容

本书提出关键模型假设，构建各利益相关主体对转基因技术及应

用的认知水平模型，运用问卷调查数据和访谈数据进行结构方程验证性检验，进一步探究各主体行为对社会规制的影响路径和影响程度，剖析影响转基因技术应用社会规制的关键因素。

（三）转基因技术应用社会规制绩效评价和社会规制框架体系的完善思路，是本书的根本落脚点

农业转基因技术是否给经济和社会带来风险，这个问题受到社会各界的高度关注，因此，国家对转基因技术及应用进行社会规制是十分必要的，而农业转基因技术应用社会规制的重要内容是对转基因技术进行科学的风险评价和绩效评估，本书运用成本—收益方法（RIAM 模型）对转基因技术应用社会规制进行有效评估。为了从源头解决当前存在的问题，加强整个农业转基因产业链的安全管理迫在眉睫，构建农业转基因技术社会规制的框架体系也十分迫切。

第四节　研究方法与技术路线

一　研究方法

（一）数理模型分析即构建 RIAM 模型对转基因技术应用社会规制绩效进行评价

国外学者在研究社会规制过程中引入了成本—收益计算方法，更好地解释了社会规制的经济含义。RIAM 是一种分析成本—收益的定量方法，最初主要用于生态环境和风险评估方面（Pastakia and Jensen, 1998），社会规制绩效主要从生态环境规制、安全规制、营养规制、健康规制和社会经济问题规制 5 个方面进行评估，本书通过改进的 RIAM 模型，构建转基因技术应用社会规制绩效评估体系，进一步剖析生物技术社会规制存在的问题和原因。其中 RIAM 的基本公式如下：

$$A1_1 \times A2_1 = AT_1 \tag{1-1}$$

$$B1_1 + B2_1 + B3_1 = BT_1 \tag{1-2}$$

$$AT_1 \times BT_1 \times P_1 = ES_1 \tag{1-3}$$

$$(ES_1 + ES_2 + \cdots + ES_n)/n = ES \qquad\qquad (1-4)$$

$$RBS = aES + bAS + cHS + dFS + eSS \qquad\qquad (1-5)$$

其中，A1 表示影响的重要性，赋值 0—4（从没有影响到主要影响）；A2 表示变化值，赋值从主要负向影响的 -3 到正向影响的 3；B1 表示敏感性；B2 表示可逆性；B3 表示协同性；ES 表示生态环境规制得分；AS 表示安全规制得分；HS 表示健康规制得分；FS 表示营养规制得分；SS 表示社会经济问题规制得分；RBS 表示社会规制绩效综合得分。同时设置二级指标，即代表变量下标 1，2，…，n；依此类推得到生态环境规制、安全规制、营养规制、健康规制、社会经济问题规制的得分，a、b、c、d 和 e 代表这 5 个一级指标的权重，根据式（1-5）最终得到农业转基因技术应用社会规制绩效评估的综合得分 RBS。

（二）实证研究方法

对不同利益主体进行农业转基因技术及产品认知水平的实地访谈和问卷调查，了解当前我国转基因技术发展现状及社会规制现状；基于农业经济学理论提出假说，利用调研数据构建计量模型，剖析不同利益相关主体对农业转基因技术应用的认知和态度，解析不同主体行为和态度的驱动因素；探究不同利益相关主体的认知行为对社会规制的影响，进而得到影响农业转基因技术应用社会规制的关键因素。

基本调研方案是对北京、武汉和兰州 3 个样本点进行实地调研，解析 5 种利益相关主体对转基因技术的认知水平和行为态度，运用实地调研的数据，利用 STATA、MATLAB、LISREL 和 AMOS 等软件进行统计分析。

1. 采用分位数回归模型、多属性态度模型和调节—缓和模型探究消费者对转基因食品的认知水平和购买意愿及其影响因素

在已有研究基础上，结合实际调研数据，选取了年龄、受教育程度、收入、地区以及信息来源等变量，建立分位数回归模型，进行模拟和分析；并从风险认知与消费者的态度两者之间的关系出发，采用多属性态度模型来测度当前对转基因食品的态度，选取风险认知、收益认知和消费者对规制部门的信任程度、消费者对转基因食品听说程

度、消费者获取转基因技术及产品信息渠道和消费者自身的禀赋特征等变量，探究影响消费者态度的关键因素，运用调节—缓和模型检验风险认知在消费者行为过程中是否起到中介作用。

2. 运用赫克曼（Heckman）两步法模型、有序 Logistic 回归模型和空间杜宾模型剖析农户对转基因作物的认知水平和种植意愿及其影响因素

选择户主特征、家庭特征、外部环境、信息来源和对政府部门的信任程度等变量，建立赫克曼两步法模型，探究影响农户转基因作物认知水平的关键因素；构建有序 Logistic 回归模型剖析影响农户转基因作物种植意愿的因素，并进一步运用空间杜宾模型（Spatial Durbin Model，SDM）来检验农户转基因作物种植意愿是否存在空间依赖性。

3. 构建因子分析和结构方程模型探析各利益相关主体认知行为对农业转基因技术应用社会规制的影响

本书以消费者为例，衡量各主体认知行为对转基因技术应用社会规制的影响。模型假设各利益相关主体对转基因技术应用的认知为内生潜变量，转基因食品听说程度、转基因产品认知数量、转基因作物优势及潜在风险和生物知识了解程度为外源潜变量。对于转基因技术应用社会规制，假设政府监管职能发挥、质量安全认证和转基因技术风险评价作为外源潜变量，结构方程模型（SEM）表示为：

$$y = \Lambda_y \eta + \varepsilon \tag{1-6}$$

$$x = \Lambda_x \xi + \delta \tag{1-7}$$

$$\eta = B\eta + \Gamma\xi + \zeta \tag{1-8}$$

其中，式（1-6）和式（1-7）为测量模型，式（1-8）为结构模型，x 为外源潜变量的可测变量，y 为内生潜变量的可测变量，Λ_x 为外源潜变量与可测变量的关联系数矩阵，Λ_y 为内生潜变量与可测变量的关联系数矩阵，η 为内生潜变量，ξ 为外源潜变量。

4. 应用 DEMATEL 模型构建农业转基因技术应用社会规制的驱动因素模型

DEMATEL 模型的基本原理是：以矩阵和图论为基础构建影响因

素模型，各影响因素之间的内在关系会直接影响关系矩阵，通过测算各因素的中心度和原因度，判断该因素是过程性因素还是结果性因素。该方法同时关注各因素之间的直接影响和间接影响关系，采用DEMATEL方法对影响转基因技术应用社会认知的因素进行量化分析，过程直观清楚，为剖析影响因素提供了理论科学依据。

步骤 1：确定影响转基因技术应用社会规制的因素及关系。根据不同利益相关者的认知出发，梳理前面研究各主体对转基因技术认知水平的影响因素，并根据调研结果，对各变量之间进行回归分析，得出影响系数，计算直接关系矩阵 $\Phi = (\beta_{ij})_{14 \times 14}$，其中，$\beta_{ij}$ 表示因素 i 对因素 j 的直接影响程度，以 0 和 1 表示其关联强度。

步骤 2：计算标准化直接关系矩阵 $G = (g_{ij})_{14 \times 14}$，其中，$g_{ij} = \dfrac{\beta_{ij}}{\max\limits_{1 \le i \le 14} \sum\limits_{j=1} \beta_{ij}}$。

步骤 3：在步骤 2 的基础上得到总影响关系矩阵 $T = G (I - G)^{-1}$。

步骤 4：计算影响转基因技术应用社会规制因素的影响度和被影响度，综合影响关系矩阵 T 中的行元素相加得到该因素的影响度，以列为单位，各列数值之和为被影响度。

步骤 5：测算各影响因素的中心度和原因度。具体来说，影响度和被影响度两者之和为中心度，中心度越大，说明这个因素对转基因技术应用社会规制的影响越大，作用越明显；影响度和被影响度之差为原因度，原因度数值如果大于 0 的话，说明该因素对其他因素产生作用，为原因因素；反之，如果小于 0 的话为结果性因素，会受到其他因素的影响。

（三）博弈分析方法

博弈分析方法主要是用于分析农业转基因技术应用过程中不同行动主体的利益协调行为，具体包括同一类行动主体内部博弈和不同行动主体之间的博弈等，以期实现各主体利益的协调。从政府的监管行为、生产者对安全食品的供给行为、生物技术研发者的研发行为以及消费者的购买行为等方面入手，从规制者（政府监管部门）、生产者（或者科研机构）和消费者三个主体的动态博弈决策明确不同行动主体在社会规制中的利益偏好，剖析各个利益主体之间利益协调的行为过程，验证转基因技术应用社会规制的必要性，为进一步分析规制绩效和机制改革提供重要依据。

（四）比较分析方法

通过梳理美国、日本、欧盟关于农业转基因技术及产品社会规制的立法和实践发展，从社会规制主体、社会规制方式、社会规制程序等方面探讨发达国家社会规制体系改革的经验，为完善我国农业转基因技术社会规制制度提供启示和借鉴。

二 技术路线

本书研究的技术路线如图1-3所示。

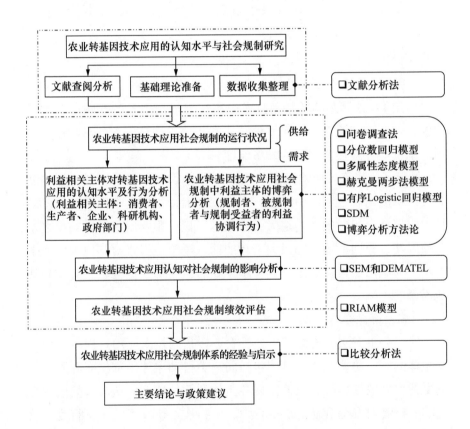

图1-3 本书研究的技术路线

第五节　数据来源与调研方案

本书研究的数据主要来源于实地调研数据和统计数据两个方面。

一　实地调研数据

（一）各利益相关主体对农业转基因技术应用的认知水平和行为态度研究

数据来源于不同利益主体对转基因技术及产品认知水平和行为态度的实地访谈和问卷调查，"生物技术应用的社会规制问题研究"课题组于 2015 年 7—8 月，采用分层逐级抽样和随机抽样相结合的方式开展问卷调查和调研访谈，按照地域对北京、湖北武汉和甘肃兰州 3 个城市进行了调研（调研地点按照中国地理地势东部、中部和西部的划分标准）。之所以选择这 3 个城市，原因在于北京和武汉属于大城市，兰州属于西部的中心城市，对转基因技术的认知水平相对较高，有利于调研的顺利进行。调研问卷针对 5 种不同的利益相关者设计，分别为消费者、生产者、生物企业、科研机构和政府部门 5 种主体。调研过程中采取一对一访谈的方式，并由经过岗前培训的调研员当场填写，共获得有效问卷 1077 份，其中，消费者问卷 659 份、农户问卷 302 份、企业问卷 58 份、科研机构问卷 38 份和政府部门问卷 20 份。

（1）消费者调研。在超市、快餐店、零售市场等地采用简单随机抽样的方式展开，北京（海淀区、朝阳区、东城区和西城区）、武汉（汉江区、汉阳区、武昌区和蔡甸区）和兰州（七里河区和城关区）3 个城市累计发放消费者问卷 700 份，回收有效问卷 659 份，问卷有效率为 94.1%。

（2）生产者调研。北京、武汉和兰州 3 个城市 4 个郊区县（区）6 个乡镇 9 个村的农户，选取的地点为大城市的郊区，当地农户对转基因作物的认知相对比较高，其中，北京郊区抽取了 2 个区 2 个乡镇 3 个村，武汉郊区和兰州郊区各抽取了 1 个区 2 个乡镇 3 个村，共发放农户问卷330份，收回有效问卷302份，问卷有效率为91.5%。

（3）生物企业调研。北京、武汉和兰州3个城市的生物制药类企业，发放企业问卷60份，回收有效问卷58份，问卷有效率为96.7%。

（4）科研机构调研。调研生物技术应用科研机构和研究者，包括中国农业大学生物学院、食品学院和经济管理学院，华中农业大学经济管理学院，甘肃农业大学生命科学技术学院以及中国农业科学院生物技术研究所、植保协会等从事生物技术研究专家，发放40份问卷，回收有效问卷38份，问卷有效率为95.0%。

（5）政府部门调研。发放政府工作人员20份，回收有效问卷20份。

调研问卷内容主要涉及4个方面：①各利益相关主体对转基因技术及产品的认知程度，具体来说，消费者的认知对象主要是转基因食品，农户同时为消费者和生产者，认知对象主要为转基因作物和转基因食品，科研机构、企业和政府部门的认知对象还包括转基因新品种；②各利益相关主体对市场上存在的转基因产品种类的了解程度及对转基因技术潜在收益和潜在风险的认知水平；③消费者对转基因食品的购买态度以及农户对转基因作物的潜在种植意愿；④对转基因技术的了解途径、对转基因产品规制管理的法律法规的认知程度、对转基因技术应用规制部门的信任程度等方面。

（二）转基因水稻技术社会规制绩效评价研究

以转基因水稻技术社会规制绩效评估为例，数据来源于生物技术应用科研机构和研究者（中国农业大学生物学院、食品学院和经济管理学院，华中农业大学经济管理学院，甘肃农业大学生命科学技术学院以及中国农业科学院生物技术研究所、植保协会等从事生物技术研究专家）的38份有效调查问卷和深度访谈。

二 统计数据

中国国家专利局专利数据库（SIPO）、世界专利数据库（PCT Database）、世界知识产权组织（WIPO）专利数据库、美国专利数据库（USPTO）、美国专利引文数据库（USPCD）、欧洲专利数据库

（EPO）、欧洲专利局数据、日本专利局数据和汤森路透 Derwent 专利数据库（Derwent Innovations Index，DII）等。

国际农业生物技术组织（ISAAA）数据，包括全球转基因作物种植面积、国内外不同国家转基因生物获取安全证书的时间、进口农业转基因生物的品系和时间等；汤森路透 Derwent 专利数据，包括不同年度的国内外转基因作物专利申请数量、专利申请国家分布和该领域的核心专利等方面数据。

中国农业部官方网站数据，包括农业转基因生物监管政策法规、农业转基因生物安全评价材料、进口用作加工原料的农业转基因生物审批资料等。

第六节　研究创新

本书研究可能存在的创新点有以下四个方面：

第一，立足于全产业链对农业转基因技术社会规制研究进行有益探索。已有社会规制的研究多是针对食品、药品等领域，而农业转基因技术社会规制是个亟待解决的新领域，缺乏全产业链的规制研究，本书在一定程度上弥补了现有社会规制研究工作中的不足。从源头上探讨完善农业转基因技术全产业链的社会规制，可望为解决当前转基因技术的争论提供有效途径。

第二，多角度测算认知水平，探究利益主体认知行为对社会规制的影响路径。虽然已有学者对消费者关于转基因技术的认知进行了研究，但对认知水平的定义有失科学性，仅限于把转基因食品听说程度作为衡量标准，本书综合考虑转基因食品听说程度、转基因产品认知数量、转基因作物优势及潜在风险认知和生物知识了解程度 4 项指标，运用主成分分析测算认知水平得分。认知的准确把握和控制是规制的前提，政府在制定决策时必须考虑到各利益主体的认知行为和态度，本书以社会规制中涉及的消费者、农户、企业、科研机构和政府部门等主体作为研究对象，采用结构方程模型探究利益主体认知行为对社会规制的影响路径和影响程度，为完善农业转基因技术应用的社会规制体系提供了思路和方向。

第三，探索性地引入消费者关注构建政府部门、企业和消费者的三方动态博弈模型。为了更好地约束社会规制中涉及的利益主体的行为，需要从政府监管行为、科研机构研发行为、企业的供给行为和消费者的购买行为出发，不同于已有研究中的双方博弈，本书基于信号传递博弈模型，将消费者主体纳入构建政府部门、企业和消费者三方动态博弈模型，测度不同程度的消费者关注对社会福利的影响，进而探求农业转基因技术社会规制的模式策略。

第四，构建综合评价体系对社会规制政策的绩效进行科学评估。绩效评估是对社会规制效率的重要体现，已有文献对这方面的研究有限，本书尝试运用 RIAM 模型构建农业转基因技术应用社会规制绩效评估体系，从生态环境规制、安全规制、营养规制、健康规制和社会经济问题规制 5 个方面 21 个指标构建转基因技术社会规制的绩效评价指标体系，对我国农业转基因技术社会规制政策措施进行绩效评估，突破了传统社会规制绩效的定性评估。

第二章 概念界定与理论基础

第一节 基本概念及研究对象界定

一 基本概念

生物技术是应用自然科学与工程学的原理，依靠微生物、动物、植物体作为反应器，将物料进行加工以提供产品，进而为社会提供服务的技术［经济发展与合作组织（OECD），1982］。

农业转基因技术是通过体外重组将供体生物体中结构明确、功能清楚的基因转移到受体生物体，使之获得新性状的技术。

转基因食品是指利用基因工程技术在物种基因组中嵌入了（非同种）特定的外源基因的食品。

农业转基因生物是指用于农业生产或者农产品加工的经由转基因技术已经改变基因组构成的动植物、微生物及其产品。

转基因产品包括基因工程药物、转基因食品及由转基因生物经过再次加工而得到的饲料、肥料等产品。

规制是指规制者依照相应法规对被规制者所采取的监管行为，一般由规制者、被规制者和规制的依据及手段等部分组成（王俊豪，2013）。根据规制内容的不同可分为经济规制和社会规制两类。

社会规制是规制者（一般为政府监管部门）依托相关法律法规并采用行政手段，对涉及生产、消费和交易过程中的健康、环境、福利和社会保障等社会行为进行规范，以调节社会成员间的利益分配，达到增加社会福利的目的。主要包括安全规制、健康规制和环境规制。

农业转基因技术应用社会规制是指政府对转基因技术及产品实行的安全管理，涵盖研发、试验、生产、加工、流通、贸易和标志等转基因产业链各个环节，主要包括转基因生物研发、安全评价与监管、进口转基因产品管理、知识产权管理和标志管理等方面。规制的目的在于将转基因技术应用方面的生态环境、健康和社会负面影响降到最低程度。

二　研究对象

转基因技术已广泛应用于医药、工业、农业、环保和能源等领域。本书中所指的农业转基因技术应用涉及的应用范围是以转基因作物和转基因食品为主要应用对象的农业领域，不包括医药、工业等其他领域。

农业转基因技术应用的认知主要是指转基因技术社会规制中涉及的利益相关主体（包括消费者、农户、企业、科研机构和政府部门等）的认知水平，消费者认知对象主要是转基因食品，农户同时为消费者和生产者，认知对象主要为转基因作物和转基因食品，科研机构认知对象为转基因作物，包括转基因生物新品种，企业和政府部门认知对象包括转基因作物和转基因食品。

农业转基因技术应用社会规制包括转基因全产业链的安全管理制度，针对对象是科研机构、农户、企业和消费者等利益相关主体，涵盖以转基因作物和转基因食品为主要规制对象的研发、试验①、生产、加工、流通、贸易和标志等各个环节。具体来说，针对科研机构的是研发和试验方面的规制，针对农户的是生产方面的管理制度，针对企业的是研发、生产、加工和经营流通角度的规制，针对消费者的是关于转基因食品标定方面的制度，具体规制内容见表 2-1。

本书以农业转基因技术社会规制中涉及的利益相关主体作为研究对象，主要包括科研机构、企业、农户、消费者和政府部门。通过实地调研分析主要利益相关主体对转基因技术及应用的认知水平和行为态度，探究各利益相关主体之间利益协调的行为过程，探寻转基因技

---

① 包括中间试验、环境释放和生产性实验。

术应用社会规制模式，重点分析利益主体的认知行为对农业转基因技术应用社会规制的影响路径和影响程度，解析影响农业转基因技术应用社会规制的关键因素，进一步完善农业转基因技术产业链上各环节的社会规制体系。

表 2−1　　　　　　　　　农业转基因技术应用社会规制内容

利益行为主体	规制环节	主要规制内容
科研机构和企业	研发	主要从事基因挖掘、基因操作、品种培育和生物安全技术和转基因技术专利研发；研发前后均实施严格的实验室安全管理和转基因生物安全管理第一责任人制度，杜绝转基因生物非法扩散
	试验	实行分级分阶段安全评价管理制度；转基因生物安全评价包括食用安全风险评价和环境安全风险评价
企业和农户	生产	生产应用安全证书、种子生产许可证、种植安全隔离
企业	加工	有活性的农业转基因生物加工需取得加工许可证
	贸易	进口实行进口审批制度并需获得进口安全证书
经营商	流通	实施经营许可制度
消费者	标志	对 5 类作物 17 种转基因产品按目录定性标志

第二节　理论基础

本书以生物技术经济学理论、利益相关者行为理论、规制供需均衡理论、市场失灵理论与博弈分析理论等理论构建本书研究框架，为进一步探究转基因技术应用的认知水平和社会规制提供了理论基础。

一　生物技术经济学理论

生物经济最初由斯坦·戴维斯和克里斯托弗·迈耶在 2002 年提出，生物技术经济是以生命科学和生物技术的研发及应用为基础的，建立在生物技术产品和生物技术产业之上的经济（盖斯福德，2003）。生物技术，尤其是新的生物技术通常可能带来一系列的利益，也可能具有许多潜在的风险。技术变革会引起社会福利的增加，这种变革就能被社会所接受的可能性越大。然而，谁从增长的福利中获利的问题更为复杂，因为福利的增长不需要受益于包括创新者在内的任何特殊群体，而生物技术引发的核心问题——在不确定性、不完备性的信息条件下，谁会最终获得利益，是消费者、生产者、生物企业、研发单位还是政府部门？与此同时，可能引发一系列对人类健康、环境和伦理道德潜在风险的担忧。

为了食品安全和国际贸易的需要，政府制定政策来规范生物技术的方方面面，从制订生物技术的研究方案到测试该项生物技术，到生物技术的知识产权保护，再到允许生物技术走出实验室在自然环境条件下应用。尽管有关生物技术的问题正引起科学界的争议，当信息不完全和信息分配不对称时，运用经济学分析解决由生物技术引起的问题更有现实意义。

根据生物技术经济学的理论，新技术的变革在一定程度上将会带来社会净福利的增加（黄祖辉，2003）。随着转基因技术的出现，生物技术的创新使市场的供给曲线由 S 曲线向右移到 S′曲线（见图 2 - 1），在完全竞争市场和规模报酬不变的假设条件下，均衡点由 A 点移动到 B 点，均衡价格由 P_e 下降到 P_e'，此时均衡产量 Q 也有所增大。在这种情况下，消费者可以以较低的价格购买更多的产品，消费者剩余增加。虽然生产者剩余有所减少，消费者剩余的增加量加上生产者剩余的增加量超过了减少的那部分生产者剩余，社会总福利最终是有所增加的。

二 利益相关者行为理论

利益相关者概念最早由斯坦福大学研究小组在 20 世纪 60 年代提出，他们的研究客体是企业，爱德华·弗里曼在 1984 年对这一概念进行了扩展，将政府、非政府组织和社区组织等主体归为利益相关者类别，目标是使各个利益相关主体的利益得到体现且要确保整体利益的最大化。

转基因产品带来的生产者利益和消费者利益大致如表 2 - 2 所示。

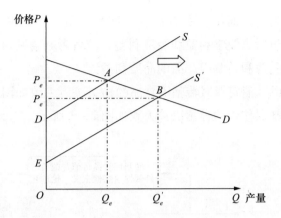

图2-1 生物技术变革对社会福利的影响

表2-2 转基因产品带来的生产者利益和消费者利益

转基因产品的利益			具体含义
直接利益	生产者利益	农艺学利益	产量增加
			化肥农药使用量减少
			除草能力增强
			降低土壤侵蚀对昆虫的抗性
		经济利益	减少成本
			增加预期利润
			减少管理时间的机会成本
间接利益	消费者利益	技术利益	产品供给增加,价格下降
		品质利益	功能食品、营养食品

　　大部分关于利益相关者行为的研究主要集中在食品安全领域,食品安全领域涉及的主要利益相关者包括政府部门、食品生产者和消费者等主体(王中亮和石薇,2014;王若冰,2015),具体来说,涵盖政府规制行为、企业生产行为和消费者的消费行为模式(张璐,2013)。政府对生物技术进行社会规制时,应同时考虑规制者、生产者(包括企业和农户)、消费者、科研机构等利益相关者的利益。以生产者利益和消费者利益为例,转基因技术应用的产品给农业生产者

带来了直接利益，而给消费者提供了间接利益（盖斯福德，2003）。生产者利益包括农业学利益和经济利益，消费者利益则包括生物技术本身带来的利益和转基因产品的品质利益。

一般来说，消费者对转基因食品的购买决策大致如图2-2所示；生产者对转基因作物的种植决策大致如图2-3所示。

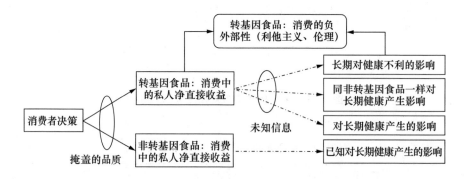

图2-2　消费者对转基因食品的购买决策

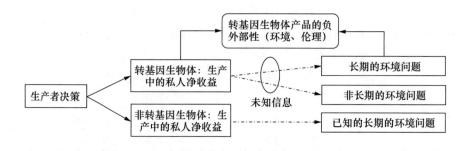

图2-3　生产者对转基因作物的种植决策

三　规制供需均衡理论

供求理论和成本效益理论是用来分析政府规制供需平衡和绩效问题的常用方法。一方面，不正当竞争和市场资源配置效率问题引起的垄断竞争和外部性问题会引起政府规制的需求（施蒂格勒，1989）；另一方面，政府的主客观条件将影响政府规制的供给能力，一些垄断行业的产业规模、监管体系和监管能力等方面的规制效益会影响规制能力的提升（王宇红，2012）。政府规制的必要性和规制方式的选取主要取决于制度决策的成本收益差。当出现规制供需不平衡时，需要政府部门主动进行规制。政府规制是一种特殊公共产品，它在价格方面并没有具体的标准可言，而是政府承担控制产品的成本，政府规制供给会因规制成本的增加而减少。（王俊豪，2013）

对于普通的一般产品而言，市场机制同时作用于供给方和需求方，自动形成供需平衡，然而，在政府规制方面，规制成本对需求的影响不大，政府规制的供给和需求平衡主要是通过规制供给实现的，这充分体现了规制供需平衡中的政府主体地位。

在社会规制成本方面，都需要对项目或政策的成本进行货币计量，首先需要对所需的所有商品和劳务进行详细描述（Levin，2001），其次按照市场价格对所购商品和劳动力的成本进行计算。成本一般包括直接成本、间接成本和隐性成本等类型。在收益方面，由于社会规制在人类健康、环境风险与安全方面的收益无法量化。国外学者特卡库克等（Tkachuk et al.，1991）指出，可以运用条件价值评估法和试验拍卖法等方法，通过支付意愿来衡量健康风险降低所带来的收益。

四　市场失灵理论

马歇尔主张经济自由和反市场干预，认为自由市场可以实现经济的最大效率，任何政府干预都会造成价格扭曲。而凯恩斯、格林等学者则主张政府对市场经济的适当干预，科斯从产权理论出发同样阐述了政府有权力对市场经济进行管制。当出现市场失灵时，政府必须实施干预才能实现资源配置的最大效率。阿克洛卡（Akerlof）联系旧车市场所检验的掩盖品质问题或者"柠檬问题"，提出了生物技术中引入的复杂的消费者问题。市场驱动的自愿的非转基因食品身份维护制度可能或者不可能自发地产生。如果它产生，自愿的非转基因食品身份维护制度引起较高的非转基因食品价格，并且因欺骗而继续存在一个负面品质效应。

政府作为政策的主要供给者，市场失灵时应发挥自身的职能。当市场出现信息不对称或者信息不完全时就会出现市场失灵；主要表现为外部性与垄断竞争等问题。此外，政府除了应对市场失灵的情况，还应该在其他经济和社会管理职能上发挥作用，比如说协调各利益相关主体之间的利益冲突问题等。转基因农产品市场表现出明显的信息不完全和信息不对称，转基因技术应用过程中便具有典型的市场失灵。消费者无法直接区分转基因食品与传统食品，只能凭借外观、价格、品牌和对该类食品的信任做出判断。在特定条件下，传统食品的生产者将因为价格疲软而逐渐退出市场，相应地，转基因食品的生产供应商便可以获得超额利润，甚至会出现生产商掩盖食品品质的问题，消费者便只能被迫接受。政府必须对企业的行为进行规范约束，降低消费者的信息搜寻和辨别成本。

五 博弈分析理论

冯·诺依曼证明了博弈论的基本原理，信息不对称和利益冲突的现象可用博弈论来具体解析。博弈论重点包括参与方、策略、得失、信息和均衡等部分。在转基因技术应用社会规制中，关于行为主体博弈分析的研究主要集中于生产者和消费者之间的关系、规制者和生产者之间的关系、各利益相关者同类竞争者之间的博弈关系等方面。

为了探究各利益主体的行为协调过程，博弈分析被广泛地用于食品安全利益相关主体的行为分析中（孟菲，2009；张璐，2013；田梦华，2015）。假定政府规制机构与食品生产者之间的博弈是一个完全信息静态博弈，生产者的策略包括合规生产和违规生产两种，规制者的策略分为有效监管和未进行有效监管两种，分析得到混合策略纳什均衡解；通过信号传递博弈模型和准分离均衡完美贝叶斯均衡过程解析生产者与消费者之间的利益协调机制；对于生产者而言，其理性特征决定了生产者在完全竞争市场上不断追逐利益最大化的行为特点，以产品认证标准信息为例，已经获得产品认证标准信息的生产者对未采用的生产者具有非排他性，容易出现"搭便车"现象，剖析同类生产者的博弈实现彼此利益最大化。

第三章 农业转基因技术应用社会规制的运行状况

随着全球转基因技术的迅猛发展，各国相继制定并完善农业转基因技术应用社会规制相关内容，我国农业转基因技术应用社会规制也渐趋完善。全面梳理社会规制的管理规程能够准确地发现农业转基因技术应用社会规制中存在的问题和不足。本章首先回顾农业转基因技术的发展特点，其次对农业转基因技术应用社会规制进行供需分析，解析转基因技术应用社会规制的必要性，并按照转基因全产业链各个环节，即研发、试验、生产、流通和标志等阶段对中国农业转基因技术应用社会规制进行梳理，进一步探究社会规制体系存在的问题。

第一节 农业转基因技术的发展特点

自从转基因烟草问世以来，关于农业转基因技术的研究如雨后春笋般发展并展现了良好的前景。1996 年，美国首次研发出转基因种子，并大面积推广产业化种植，转基因技术随后被广泛应用，并成为全球发展最为迅速的技术之一，先后形成三代转基因作物递进发展的趋势。第一代以抗病虫和抗除草剂等节本减灾的稳产性状为主体，关注农业工艺性状；第二代关注转基因食品的品质和营养，以改良品质、提高产量等增值形状为主体，大力发展高油、高蛋白质、高淀粉和优质纤维等专用特性品性；第三代关注转基因食品中的功能因子，以医药和能源环保等新用途功能性状为主，农业的多功能性得到更为有效的发挥（盖斯福德，2003）。

2015 年是转基因作物商业化的第 19 年，全球 28 个国家（20 个发展中国家和 8 个发达国家）共种植了转基因作物 1.79 亿公顷，种植面积比最开始的 170 万公顷增加了 100 倍以上（Clive，2016）。全球农产品市场上存在的转基因农产品涵盖玉米、大豆、番木瓜和番茄等作物。2015 年，美国的转基因作物种植面积达 7090 万公顷，是全球转基因作物的最大种植国，转基因技术研发水平全球领先，转基因大豆、转基因玉米和转基因棉花的采用率均在 93% 以上，且在 2015 年批准了除转基因玉米以外的另一种粮食作物转基因土豆，2016 年开始商业化种植。巴西作为转基因作物第二大种植国，种植面积为 4420 万公顷，仅次于美国（7090 万公顷），成为近年来全世界转基因作物种植面积的重要增长点。值得一提的是，世界上最贫穷的小国之一孟加拉国成为全球第一个批准转基因茄子商业化种植的国家（Clive，2016）。

2015 年全球农业转基因作物种植的主要国家分布情况如表 3 - 1 所示。

表 3 - 1   2015 年全球农业转基因作物种植的主要国家分布

种植国家	种植面积（万公顷）	转基因作物品系	排名
美国	7090	大豆、棉花、玉米、木瓜和马铃薯等	1
巴西	4420	大豆、棉花、玉米	2
阿根廷	2450	大豆、棉花、玉米	3
印度	1160	棉花	4
加拿大	1100	油菜、玉米、大豆、甜菜	5
中国	370	棉花、木瓜、杨树	6

资料来源：［美］克利夫·詹姆斯：《2015 年全球生物技术/转基因作物商业化发展态势报告》，《中国生物工程杂志》2016 年第 1 期。

中国的农业转基因技术发展较早，目前种植面积在全球排在第 6 位，农业部共批准发放 7 种农业转基因生物的安全证书，从 1997—2009 年依次批准了抗病延熟番茄、转基因棉花、改变花色矮牵牛、抗病甜椒、转基因番木瓜、抗虫水稻和高植酸酶玉米。中国大面积商业化种植的转基因作物是转基因棉花和转基因番木瓜。转基因作物在1997年以后开始在中国种植，农业转基因作物种植面积由最开始的670公顷到2016年的400多万公顷，其中，转基因棉花的种植面积为370万公顷，约占棉花总种植面积的67%，抗环斑病毒病番木瓜（转基因番木瓜）种植面积为7000多公顷。批准进口的转基因生物包括大豆、玉米、油菜、棉花、甜菜5种作物，主要用于加工原料，其中转基因大豆是中国进口的最主要农产品，年均进口量均在5000万吨以上，且进口趋势不断上升，转基因农产品的进口量逐渐增加。

中国农业转基因技术的整体研发水平位于发展中国家前列，一些研究领域，如籼稻的全基因组测序、抗虫棉的研究等，已处于国际领先地位，研发的主要作物为水稻、小麦、玉米、油菜、棉花等（王志刚和彭纯玉，2010）。然而，伴随着转基因技术的安全性争论，中国转基因作物的商业化种植速度减慢。到目前为止，我国只批准了转基因棉花和转基因番木瓜两个作物品系的商业化种植，品种有限，且没有转基因主粮，尤其是1999—2006年，未批准任何转基因作物大规模生产种植。目前，中国的玉米、水稻、油菜等作物虽然已具有产业化水平，但是，由于转基因水稻和玉米并未获得品种审定，转基因番茄和甜椒并未呈现商业化优势，因此，这些转基因作物至今并未商业化。以转基因油菜籽为例，转基因油菜籽的遗传转化技术在中国已经比较成熟，部分转化体已经进入环境释放或者生产试验阶段。但是，中国目前并未批准转基因油菜籽的产业化种植，相比之下，加拿大转基因油菜的种植面积已达油菜种植总面积的70%（王旭静，2008）。中国转基因油菜籽的进口国主要为加拿大和澳大利亚。2015年，中国从加拿大进口油菜籽389.8万吨，近五年来，平均每年进口307万吨，几乎全部是转基因油菜籽。

随着转基因生物领域竞争的加剧，我国政府必须不断加强对转基因领域的重视程度，采取更加积极的态度去开展相关工作。专利保护是知识产权保护最重要的内容，我国的专利制度起步较晚，农业生物技术保护仍然存在申请总量很少、覆盖范围小、技术含量偏低等问题

（郑英宁等，2004），应从立法方面构建企业专利保护制度和激励机制，从制度上鼓励企业知识产权，构建企业专利保护的基础和激励机制，覆盖从科研、实验、生产和销售等各环节的专利保护工作，推动企业自主知识产权保护并实现长远发展。

第二节　社会规制需求分析

当前，关于生物技术对人类身体健康、生态环境和伦理道德潜在风险的争论愈演愈烈，相对应的社会规制被赋予更高的期望，其中，主要利益相关主体对当前转基因技术社会规制又存在哪些需求呢？现行的农业转基因技术应用社会规制能否满足当前的需求？本部分以消费者、生产者和科研机构 3 个主体为代表，探究利益相关主体对农业转基因技术应用社会规制的需求。

政府在制定农业转基因技术应用的规制政策时，应结合各主体对转基因技术规制的需求，必须把各利益相关者的行为作为影响因素纳入考虑中，而各利益主体的认知行为在很大程度上影响自身的行为态度，从认知角度出发，探寻利益相关主体对转基因技术应用社会规制的需求非常有必要。

（一）消费者对转基因技术应用社会规制的需求

已有研究对转基因产品的风险认知主要集中于人类健康和生态环境等方面，而不同国家的消费者对转基因产品的风险认知侧重点又有所不同，其中，美国消费者主要关注转基因食品的安全问题，52%的被访者不太关心转基因食品的营养问题；而欧盟公众对转基因食品持消极态度，60%的消费者认为可能会对人类身体造成损，对未来转基因技术的发展表示迷茫和担忧（徐静，2006）；相较于美国被访者的积极态度，日本消费者同欧盟被访者立场基本一致，担忧转基因食品对人类健康、生态环境和伦理道德的潜在风险和危害（冯良宣，2013）；中国的被访者同样担心转基因产品的潜在风险（曲瑛德，2011a）；公众的个体特征、消费者对产品的了解程度、消费者的风险态度以及政府信任度等主观因素造成了消费者的风险认知差异（冯良宣，2013；张郁，2014）；根据消费者对转基因产品的认知行为和态度，加斯克尔等（Gaskell et al.，2006）将消费者分为乐观的、视情况而定和悲观的三类人群，而对于那些"视情况而定"的消费者在有其他利益驱动时，会选择购买转基因食品（Hossain et al.，2003；Onyamgo and Hallman，2004）。

转基因技术的风险性问题已经成为世界争议的焦点，尽管人们对其潜在风险危害并不清楚，但是，60%以上的消费者态度很坚决，表示不会购买转基因食品，这表明公众对转基因技术的潜在风险产生恐惧（徐丽丽等，2010），政府有必要加强转基因技术研发与应用的风险管理，积极回应公众关切和认知需求。

对转基因食品实施标志管理是实现消费者知情权和选择权的规制措施，也是政府安全管理的重点之一。王宇红（2012）运用441份消费者调查问卷数据，分析消费者对政府规制的评价与期望分析。当被问及"您希望政府从哪些方面加强对转基因食品安全的管理"时，大部分消费者对转基因食品的规制期望很大，要求政府加强转基因食品安全性评价和检测、规范转基因食品标志管理并完善标志的相关立法；在如何标识转基因食品的提议中，50.1%的消费者认为，"只有转基因食品应该表明含有转基因成分字样"。对于政府来说，转基因农产品市场具有明显的不确定性，从而容易造成市场失灵，政府作为转基因技术社会规制的主导者和制定者，应对转基因食品市场进行干预调节，同时，加强转基因食品的科普宣传和风险交流。

综上所述，通过消费者对转基因食品的态度、对政府规制的评价和期望进行梳理，我们了解到当前消费者主要关注转基因食品的安全性、转基因技术及应用对人类健康和生存环境的影响，消费者目前获得的转基因食品的信息难以帮助自身形成客观的态度，消费者对农业转基因技术应用社会规制的需求也比较明显：首先，消费者对转基因食品标志管理认知程度并不高，多数消费者认为，政府应该规范标签张贴方式和标签信息。其次，消费者对农业转基因技术潜在的健康和生态风险感到迷茫和担忧，希望政府能够加强转基因技术的安全性评价和监管力度，及时公开政府对转基因食品的社会规制信息、安全性评价信息和结果，保障消费者对转基因食品的知情权，降低消费者的顾虑和不安。最后，食品安全问题突出表明食品领域存在规制失灵问题，在这个过程中，消费者对政府食品安全管理能力的信任度逐渐降低，消费者希望政府能够充分发挥政府规制的主体地位，建立公众和社会参与的机制，能够加强公众的参与力度，进而提升消费者对政府规制的信任度。

（二）生产者对转基因技术应用社会规制的需求

自 1996 年转基因技术问世以来，关于转基因技术及产品的争论从未间断过。农户对新技术潜在的风险具有敏感性，在风险未确定时，农户对转基因作物的认知水平往往影响其种植决策行为。

农户作为转基因技术应用社会规制的一个重要行为主体，其态度和行为在一定程度上影响转基因技术应用社会规制。已有文献围绕农户对转基因作物的认知行为和态度进行研究（Sall and Norman，2002；Chianu and Tsujii，2004；Gershon et al.，1985；徐家鹏和闫振宇，2010；陆倩和孙剑，2014；刘旭霞和刘鑫，2013）。结果表明，农户对转基因作物的认知水平比较有限，对转基因作物的种植意愿较低；户主自身禀赋特征、家庭特征、风险偏好、信息来源以及农业政策等因素对农户的转基因作物认知水平和种植意愿均有影响。马述忠和黄祖辉（2003）对山东、湖北和青海的农户进行关于转基因农产品种植过程中的规制信任度做了研究，结果表明，农户对转基因作物种植的相关规制不太信任，大多数农户在遇到农产品销售困难时会选择自己解决，选择政府的比例并不高，政府在制定政策、立法和执行时并不能令农户满意。

本次调研问卷参考了马述忠（2003）问卷中涉及的相应问题，调查农户对当前政府规制的信任度。结果表明，无论是何种学历的农户，寻求政府解决问题的概率都很高，均在 40% 左右；被访者中51.7% 的农户为初中学历，在初中学历的农户中，41.10% 的农户选择政府作为解决问题的主要途径，其次寻求解决的途径是法律和自己解决；无论在小学、初中还是高中学历中，学历越低，农户更倾向于靠自己解决问题，所占比例均在20%左右（见图3－1），显示出了弱势群体的无奈，在这种情况下，政府应该调节农民的利益机制，保护农民的合法权益。

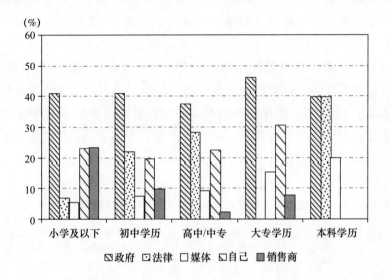

图3－1　农户遇到销售问题时的解决途径

　　通过农户对转基因作物政府监管能力依赖度的分析，发现农户对转基因作物社会规制的需求：①农户是转基因技术规制的一个重要行为主体，同时政府信任度是影响农户作物认知的一个重要因素，希望政府构建转基因作物风险评估体系，及时准确地发布评估信息，保障政策信息的透明性，最大限度地消除农户对转基因作物风险的猜测和顾虑。②希望政府利用农村的教育资源，最大限度地进行生物技术的培训并实施全民科普，拓宽宣传途径，引导农业转基因作物的优良性状和潜在风险，告知生物技术与传统技术的区别以及当前"挺转"和"反转"争论的核心问题，增强农户之间的信息交流能力，进一步提升农户对转基因作物的认知水平。③保护转基因作物种植者的自行留种权和选择权，有效地协调农户利益和育种公司的专利权利益。

　　（三）科研机构对转基因技术应用社会规制的需求

　　从世界范围内看，转基因技术研发主体是跨国生物技术公司（盖斯福德，2003），而且它们大多数也是生物技术专利的主要拥有者。同国外转基因技术研发的主体不同，中国农业转基因技术研发的主体主要是科研机构，研究机构的经费支持主要来自政府。

根据 Derwent 专利数据库，全球共检索出 45197 件转基因作物专利申请，其中，中国申请转基因作物专利数共 6362 件，占世界申请的 14.07%。国外转基因作物专利申请兴起于 1983 年，1995—2010年转基因作物申请数量呈指数增长趋势，从 2010 年数量开始减少，我国转基因作物的申请趋势大致与国外相似，中国转基因技术专利申请起源于 1985 年，2010—2014 年，申请数量增幅显著，在 2012 年达到顶峰，为 919 项申请专利。2009 年至今，中国转基因作物申请数量占全球总量的比例显著增加（见表 3 - 2）。

表 3 - 2　　　中国转基因技术专利申请情况（1983—2014 年）　　单位：件

年份	全球转基因技术专利总数	中国转基因技术专利总数	年份	全球转基因技术专利总数	中国转基因技术专利总数
1983	1	0	1999	763	148
1984	4	0	2000	849	139
1985	3	2	2001	1130	134
1986	5	2	2002	1406	131
1987	18	13	2003	1715	233
1988	18	15	2004	2067	203
1989	13	10	2005	2888	243
1990	15	0	2006	3625	240
1991	62	3	2007	4052	244
1992	66	10	2008	4629	463
1993	54	6	2009	3805	360
1994	66	27	2010	4764	792
1995	150	36	2011	3989	776
1996	245	69	2012	4276	919
1997	306	91	2013	2856	632
1998	442	120	2014	957	301

中国农业转基因技术专利申请阶段（1985年1月至2016年4月）大致可以分为三个阶段：第一阶段为1985—1993年，中国农业转基因技术的发展和应用刚刚起步，增长缓慢，年均申请量在6项左右。第二阶段为1994—2007年，转基因作物专利申请量逐步提高，中国农业转基因技术发展渐有起色，呈跨越式增长趋势，表明农业转基因技术具有广泛发展前景，这段时间内农业部批准了抗病延熟番茄、抗虫棉花、改变花色矮牵牛、抗病甜椒和抗环斑病毒病番木瓜的安全证书，并从1997年开始大规模推广种植转基因棉花。第三阶段为2008年至今，中国转基因技术专利申请量大幅提高，专利申请量于2012年实现飞跃，意味着中国在转基因技术领域已具备了一定数量的自主知识产权研发成果。

1998—2016年，美国、日本、欧盟和中国农业转基因作物专利发展情况对比大致如图3-2所示。

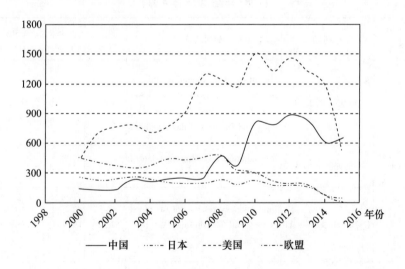

图3-2 美国、日本、欧盟和中国农业转基因作物专利发展情况对比

本书根据DWCI和DPCI专利数据库，综合考虑施引专利和同族专利两个指标并综合排序，得到6项全球转基因技术核心专利和同族专利，主要为Bt基因、除草剂基因及抗病基因在转基因作物上的表

达及应用。

  表3-3的6项专利基本反映了1983—2016年转基因领域最为重要的科技成果和同族专利索引情况，施引专利数最高的专利所属国依次为欧盟、美国和澳大利亚，美国在该领域的研发起步最早，是全球转基因作物的领先者，美国从1994年以来研发投资增幅一直在6%以上，并通过各种合作交流和技术研究，抢先申请专利，形成三代转基因作物递进发展的趋势，且同族专利布局比较广泛。同样，由表可得同族专利被引频次较高的国家分别是欧盟、美国和日本。在同族专利中剖析出三种最有商业价值的转基因植物专利依次为植物开花时间基因、蛋白激酶及其在植物耐盐方面的作用基因和植物抗线虫基因（华静和王玉斌，2016）。

表3-3　　　全球农业转基因技术施引专利和同族专利
（1983年至2016年4月）

专利类别	专利号	专利名称	被引频次	申请日期	申请国别
施引专利	DE69532272 - E	Mutant dwarfism gene of petunia – results in redn. of plant and flower size, useful in the prodn of novel types and varieties of dwarf petunia	2393	1994.6	欧盟
	US5968830 - A	Regeneration and transformation of soybean plants	684	1997.3	美国
	US2014350083 - A1	Inhibiting expression of a target gene useful for altering fruit ripening characteristics	652	1997.12	美国
同族专利	EP2500433A2	New transgenic plant comprises a recombinant polynucleotide encoding a plant transcription factor polypeptide and has a modified flowering time or vernalization requirement	337	2007.6	欧盟

续表

专利类别	专利号	专利名称	被引频次	申请日期	申请国别
同族专利	AU2008212062B2	New protein kinase stress – related polypeptide coding nucleic acid, useful for producing transgenic plants with an increased tolerance to an environmental stress	214	2008.9	澳大利亚
	JP2012143250A	New nucleic acid molecule comprising a heterologous nematode – resistance sequence operatively linked to a promoter capable of driving transcriptions of the sequence, useful for promoting nematode – resistance in plants	168	2012.5	日本

注：检索式为 "C12N – 015 * AND A01H – 005"。

　　虽然中国转基因作物专利申请总量位居世界前列，但原创型和核心专利相对比较少，中国应向技术含量高、市场前景更为明朗的专利转型，以期改善当前中国生物技术专利申请现状，仍需提升转基因作物专利的水平。企业的研发能力和资金实力较弱，需要政府的财政补贴和鼓励政策，对政府制度创新和研发投入的需求要求很高。（田文英和吴峰，2003；王渊，2010 等）

　　综上可知，作为科研机构，对社会规制的需求就是希望实现自主研发的转基因技术成果转化，实现转基因作物知识产权的保护，避免大公司不正当的专利垄断等规制制度（王宇红，2012）；进行科研工作的中小型企业希望政府在制度上予以创新，并实行财政方面的鼓励和支持。

第三节　社会规制供给分析

　　生物技术是一种新兴产业，被认为是一次新的技术变革，但是，在技术、市场和创新收益方面具有多种不确定性（王春法，1998）。

根据生物技术经济学理论，新技术变革在一定程度上将会带来社会净福利的增加（黄祖辉，2003）。鲁坦（Ruttan）的研究认为，技术创新和制度创新之间是相互依赖与相辅相成的，但是，技术创新快于制度创新（吕立才和罗高峰，2004）。政府作为政策的主要供给者，市场失灵时应发挥自身的职能。转基因食品市场是一个典型的信息不对称的市场，我国现行社会规制的供需状况表明，我国当前社会规制供求失衡，具体表现在当前部分公众对转基因技术的认知并不全面、态度模糊，对农业转基因技术潜在的健康和生态风险感到迷茫和担忧，而当前社会规制不足，需要有效的政策供给来进行规范。总之，转基因技术风险的复杂性、公众认知的需求和转基因产品市场的市场失灵，加之转基因技术应用社会规制的供求矛盾突出使转基因技术应用社会规制迫在眉睫。本部分从管理体系和法规体系两个方面梳理我国现行的规制管理措施，进一步探究规制供需的均衡性。

一　社会规制管理体系

国务院指定由农业部、原国家质检总局以及县级以上农业行政主管部门等共同管理中国的农业转基因技术相关应用。成立了涵盖 12 个部门的部级联席会议，承担风险管理、安全评价、标准制定、进口原料审批和标志管理等职责，形成了一套相对完善的转基因生物安全管理体系。为保障社会规制的有序开展，农业部和地方各省份均成立了相应的管理办公室，并按照属地化管理原则，依法对属地转基因试验研究、标志、品种审定、种子生产经营等进行监管（见表 3 – 4）。

表 3 – 4　　　涉及农业转基因生物安全管理的相关管理体系

管理部门	管理内容
部际联席会议	研究协商农业转基因生物安全管理的重大问题
农业部	负责安全评价、监督管理、进口审批及标志管理等问题
原国家质检总局	负责进出境转基因检验检疫
原国家食药局	按照职能分段负责转基因食品的监管工作
县级以上农业行政主管部门	负责本区域监督管理、生产、加工和标志问题
单位的转基因生物安全领导小组	本单位的田间试验安全管理和风险管理工作

　　我国第一部相对完善的转基因技术应用规制的法规是《农业转基因生物安全管理条例》（以下简称《条例》），负责统一管理农业转基因技术及应用的研发、试验、生产、加工、流通和贸易等环节的安全管理工作，规定对转基因产品全产业链进行全覆盖监控，是我国关于农业转基因生物安全管理法律法规的基础。《条例》颁发后，农业部先后出台5个配套规章，较为全面地规定了转基因生物安全管理内容（见表3-5）。国务院2005年批准了《卡塔赫纳生物安全议定书》，正式成为缔约方。2016年，农业部对《农业转基因生物安全评价管理办法》进行了修订完善，进一步强调了试验的可追溯管理。

表3-5　　　　农业转基因生物安全管理的相关法规体系

政策法规	颁布部门	颁布时间	主要内容
农业转基因生物安全管理条例	国务院	2001	转基因技术研发与实验、种植、加工、贸易、监督检查及罚则的相关内容
农业转基因生物安全评价管理办法	农业部	2001	从事农业转基因生物的研究、试验、生产、加工、经营和进口、出口活动的安全评价
进出境转基因产品检验检疫管理办法	质检总局	2001	以贸易、加工、邮寄、携带、生产、代繁、科研、交换及其他方式进出境转基因产品的检验检疫
农业转基因生物标志管理办法	农业部	2002	标志管理农业转基因生物目录及标志办法等
农业转基因生物进口安全管理办法	农业部	2002	从事农业转基因生物进口活动的安全管理
农业转基因生物加工审批办法	农业部	2006	农业转基因生物加工审批的管理办法

二　社会规制法规体系

　　农业转基因技术应用社会规制是针对转基因技术管理和监管而采取的规制措施，与经济规制不同，社会规制主要涵盖安全、环境和健康三个规制内容。本节依照研发、试验、生产、加工等环节进一步整理归纳转基因生物研发、安全评价与监管、知识产权管理和标志管理等方面的规制制度。

（一）农业转基因技术应用的研发环节

2016 年"中央一号文件"专门强调了在研发环节需要加强对科研机构的监管，严格把控转基因技术研发环节，按照规定执行可追溯管理，依法落实科研机构对转基因技术研发的职责。

1. 实验室管理措施

安全的实验室设备和控制措施是转基因技术进行安全监管的有力保障。相对其他理化实验室而言，从事生物技术研究的实验室面临着更大的潜在危险。随着安全等级的增加，相应实验室的条件和控制措施更加严格。从事农业转基因生物研发与试验的科研机构，其安全设施和防险措施应该与安全等级相匹配，以保证农业转基因生物研究与试验的安全（见表 3 - 6）。

表 3 - 6   不同安全等级的实验室管理所需条件

安全等级	对应的实验室管理所需条件
安全等级 I	专门的研究机构
	专职科研人员
	仪器设备与设施条件
	农业转基因生物安全小组
	安全设施和措施
安全等级 II	高压灭菌设备
	废弃物灭活处理
	基因逃逸紧急措施
安全等级 III	隔离区明显警示标志
	负压循环净水设施和污水处理设备
安全等级 IV	农业转基因生物安全委员会汇报安全措施

2. 科研机构生物安全管理制度

从事生物技术研究领域的科研机构除具备安全的实验室条件和田

间试验安全管理措施外，还需要制定更为严格规范的生物安全管理制度：（1）实施可追溯管理制度，安全管理责任分工到人；（2）设置严格的门禁制度，非本实验室人员禁止进入；（3）定期进行考核培训，加深转基因生物安全管理的职责和要求；（4）制订检查计划，加大监管力度，及时纠正违规行为，依法处罚情节较重者。

研发人是安全管理的第一责任人，应杜绝转基因生物非法扩散：（1）首先在科研机构内部成立安全管理小组，确保各项转基因生物研发活动遵守《条例》及其配套规章；（2）研发单位开展自查，主管部门不定期开展检查，及时销毁活性材料或者残留物，保障试验基地环境的整洁，及时予以清除生苗、遗洒籽粒出苗，严防活体废弃物进入环境；（3）督促研发单位严格实施转基因遗传材料转移合同制度，告诫科研机构保管好转基因材料，防范出现新的扩散源。

（二）转基因技术知识产权管理制度

版权、商标和专利是最主要的三种知识产权保护的方式，本部分重点阐释转基因技术专利方面的管理制度。1984 年我国颁发了第一部《中华人民共和国专利法》（以下简称《专利法》）对我国专利保护进行规定，明确说明科学发现、智力活动的规则和方法、动物和植物品种等 7 项产品不授予专利保护，1992 年和 2000 年分别对《专利法》进行了第一次和第二次修改，允许"食品、饮料和调味品"及生产方法列入专利保护范围，但是，"动物和植物品种"仍不能授予专利，2009 年出台了现行的《专利法》。

我国《专利法》和《中华人民共和国专利法实施细则》（以下简称《专利法实施细则》）对生物技术知识产权的规定多采用原则性方式，缺乏细化法则，适用性和可操作性都有待进一步完善；而《植物新品种保护条例》《中华人民共和国种子法》和《人类遗传资源管理暂行办法》等条例缺乏一致的逻辑，它们仅仅针对一些特定的问题进行规范，缺乏全面宏观的规制。

美国专利的处理时间一般是中国的 6 倍，中国的专利诉讼时间在周期上具有相当大的优势，一般来说，一审的时间为 8 个月至一年，二审的时间为半年至 8 个月，不仅如此，同时在维护权利人利益的效率以及及时制止侵害专利权行为等方面都具有优势。然而，我国转基因技术专利从申请到批准一般需 3 年时间，加上高昂的专利申请费和专利维修费，导致许多专利难以申请或者批准后中途放弃，同时专利申请的程序较为复杂，在一定程度上导致我国转基因技术专利申请数量较少。

（三）转基因生物的安全评价与监管

1. 转基因生物的安全评价制度

转基因生物的安全评价分为产品成分（分子特征）、环境安全和食用安全三项内容，按照潜在危险程度，《农业转基因安全管理评价办法》按照对生物多样性、生态环境和人体健康的危险程度将相关研究工作的安全等级分为Ⅰ、Ⅱ、Ⅲ、Ⅳ四个级别，从安全等级Ⅰ到安全等级Ⅳ的危险系数逐渐增加。安全评价以科学原则为依据，实行分级分阶段管理，评价的对象涵盖转基因植物、动物和微生物三个领域。

转基因生物安全评价流程的具体指标和内容大致如图 3 - 3 和表 3 - 7 所示。

图 3 - 3 转基因生物安全评价流程

2. 转基因生物的许可制度

转基因技术的研究、试验、生产、加工、流通和贸易等各环节实施全链条的许可制度，主要包括在开展实验前必须获得试验许可证书、生产经营许可证是生产者生产经营转基因种子的前提，加工具有活性的农业转基因生物，必须取得加工许可证等方面的规制内容，对我国农业转基因生物进行监管，详细规定见表 3 - 8。

表 3-7 转基因生物安全评价的具体指标和内容

评价内容	安全评价的指标	具体含义	技术支撑体系
分子特征		整合基因水平、转录水平和翻译水平,考察外源插入片段的整合和表达情况	农业转基因生物安全委员会(第五届,75 名委员,其中院士 14 人)农业转基因生物安全管理标准化技术委员会(发布实施标准 104 项,委员 41 名)转基因检测机构(农业部认证 39 个机构;按照"产品成分、环境安全和使用安全"三个类别)
食品安全	过敏性	是否来源于已知的过敏源,与已知的过敏蛋白是否有相似结构,是否容易被消化掉	
	毒性	是否来源于有害生物,和已知的蛋白毒素是否相似,动物饲喂实验	
	致畸性	精子畸形实验	
	致癌性	利用微生物做的致突性实验、排查致癌作用	
环境安全	基因漂移	外源基因逃逸是否引起杂草化	
	杂草化	杂草是否对除草剂产生抗性	
	对非靶标生物的影响	是否对土壤生物有影响	
	对生态系统的影响	对生物多样性的影响	
	靶标生物的抗性	是否增加害虫数量	

表 3-8 农业转基因生物全链条的许可制度

许可制度	相应规定
试验许可制度	农业转基因生物开展中间试验、环境释放、生产性试验必须向农业部申请或报告,农业部按阶段批复农业转基因生物试验,根据上一阶段的试验结果,确定是否批准下一阶段的试验
种子生产经营制度	生产经营转基因植物种子、种畜禽、水产苗种,必须取得生产经营许可证;单位在申请时,需要取得安全证书并通过品种审定,建立生产经营档案,并采取相应的安全管理措施
加工许可制度	加工单位在申请时,需要取得农业转基因生物安全证书,具备专用生产线和封闭式仓储设施、废弃物处理设施、转基因与非转基因原料加工转换措施以及相应的安全管理制度
进口安全管理制度	转基因产品出口中国,研发商必须按照中国法律法规、技术标准及有关程序,提交申请资料,通过安全管理委员会严格评审方可取得进口安全证书;在进行转基因产品贸易时,出口贸易商必须申请每一批次的进口安全证书,货证符合方可进口,以防止转基因产品非法入境

3. 中间试验、环境释放和生产性试验三阶段管理工作

农业转基因生物试验阶段一般会经过中间试验、环境释放和生产性试验三个阶段。这三个试验阶段根据试验规模的不同而有所区别，其中，中间试验是指在控制条件下进行的小规模试验；环境释放是指在自然条件下进行的中度规模的试验；生产性试验是指在生产种植前进行的较大规模的试验。

表 3-9　农业转基因生物中间试验、环境释放和生产性试验的区别

阶段	品系数	地点和面积	时间长度
中间试验	20	2 个省，每个省 3 个地点，总面积不超过 0.27 公顷	1—2 年
环境释放	5	2 个省，每个省 7 个地点，总面积不超过 2 公顷	1—2 年
生产性试验	1	2 个省，每个省 5 个地点，总面积超过 2 公顷	1—2 年

注：试验规模的最大品系数目。

在中间试验、环境释放和生产性试验三个阶段，在从一个阶段结束进入另一个阶段时，经安全评价合格后方可进行相应试验。首先，具备田间试验研究应有的条件是展开田间试验的前提；其次，根据不同的安全等级制定相应的控制措施和审批流程，可供农业行政部门对其进行田间试验检查。

4. 安全证书审批管理工作

转基因生物安全证书可在生产性试验结束后申请，经由安全管理委员会进行评价，对评价合格的品种颁发安全证书。安全证书的有效期一般情况下为 5 年，需要在失效前一年重新申请审批。

农业部共批准发放 7 种农业转基因生物的安全证书，1997—2009年，依次批准了抗病延熟番茄、转基因棉花、改变花色矮牵牛、转基因番木瓜、抗虫水稻和高植酸酶玉米。抗病延熟番茄、改变花色矮牵牛和抗病甜椒均已过有效期，而转基因棉花、抗虫水稻、转基因番木瓜和高植酸酶玉米的安全证书均在有效期内。

表 3 – 10　　　　中国批准转基因作物试验安全许可和生产应用

安全证书统计（2002—2010 年）　　　单位：个

转基因品种	安全许可批准				安全证书	总数
	实验研究	环境释放	中间试验	生产性试验		
水稻	2	46	438	36	2	524
玉米	2	28	145	10	1	186
小麦	0	14	107	4	0	125
大豆	0	6	76	0	0	82
油菜	0	7	32	2	0	41
其他	1	48	194	27	2	272
总数	5	149	992	79	5	1230

资料来源：戴化勇等：《我国转基因作物安全监管面临的重要问题与应对策略》，《农业经济问题》2016 年第 5 期。

5. 转基因品种上市环节的管理制度

转基因作物依据《中华人民共和国种子法》《主要作物品种审定办法》进行品种上市审定，申请过程分为品种申请、品种试验和审定与公告三个阶段，其中，品种审定时应该向品种审定委员会提交申请表、品种选育报告、品种比较试验报告和转基因检测报告，转基因棉花品种除提交以上材料外还应提供安全证书。品种试验包括区域试验、生产试验和 DUS 测试（包括品种特异性、一致性和稳定性测试），品种试验组织实施单位应经过一系列程序进行初审和复审，并书面通知申请者。

（四）转基因农产品的对外贸易

近几年来，随着转基因作物的商业化推广，转基因产品低水平混杂已经成为一个复杂的前沿问题。中国一度采取零容忍政策，也就是说，任何含有非授权的转基因成分的产品一旦在进口产品中查出即刻处理；获得出口国的转基因农产品生产许可是贸易商申请进口安全认证的前提，而这种政策模式具有一定的弊端，会造成转基因产品在生产种植和进口审批上的时滞性和不同步。

2004—2015 年，中国进口的转基因大豆审批情况如表 3 – 11 所示。

表3-11 中国进口的转基因大豆审批情况（2004—2015年）

审批编号	转基因生物	单位	用途	有效期
农基安证字（2004）第002号	耐除草剂转基因大豆 GTS40-3-2	孟山都公司	加工原料	2004年2月20日至2007年2月20日
农基安证字（2006）第361号	抗农达大豆 GTS40-3-2	孟山都公司	加工原料	2006年12月20日至2009年12月20日
农基安证字（2007）第255号	抗除草剂大豆 A2704-12	拜耳作物科学有限公司	加工原料	2007年12月20日至2010年12月20日
农基安证字（2012）第011号	抗除草剂大豆 GTS40-3-2	孟山都远东有限公司	加工原料	2012年12月20日至2015年12月20日
农基安证字（2012）第175号	抗除草剂大豆 CV127	巴斯夫农化有限公司	加工原料	2013年6月6日至2016年6月6日
农基安证字（2012）第177号	抗虫耐除草剂大豆 MON87701×MON89788	孟山都远东有限公司	加工原料	2013年6月6日至2016年6月6日
农基安证字（2013）第001号	抗除草剂大豆 A2704-12	拜耳作物科学有限公司	加工原料	2013年12月31日至2016年12月31日
农基安证字（2013）第274号	抗除草剂大豆 MON89788	孟山都远东有限公司	加工原料	2014年8月29日至2017年8月29日
农基安证字（2013）第275号	品质改良大豆 305423	先锋国际良种公司	加工原料	2014年11月3日至2017年11月3日
农基安证字（2014）第004号	抗除草剂大豆 GTS40-3-2	孟山都远东有限公司	加工原料	2015年12月20日至2018年12月20日
农基安证字（2014）第019号	抗除草剂大豆 A5547-127	拜耳作物科学有限公司	加工原料	2014年12月11日至2017年12月11日
农基安证字（2014）第020号	品质改良抗除草剂大豆 305423×GTS40-3-2	先锋国际良种公司	加工原料	2014年12月11日至2017年12月11日
农基安证字（2015）第004号	抗虫大豆 MON87701	孟山都远东有限公司	加工原料	2015年12月31日至2018年12月31日
农基安证字（2015）第005号	抗虫耐除草剂大豆 MON87701×MON89788	孟山都远东有限公司	加工原料	2015年12月31日至2018年12月31日
农基安证字（2015）第007号	抗除草剂大豆 CV127	巴斯夫农化有限公司	加工原料	2015年12月31日至2018年12月31日
农基安证字（2015）第008号	抗除草剂大豆 A2704-12	拜耳作物科学有限公司	加工原料	2015年12月31日至2018年12月31日
农基安证字（2015）第013号	品质改良性状大豆 MON87769	孟山都远东有限公司	加工原料	2015年12月31日至2018年12月31日
农基安证字（2015）第014号	耐除草剂大豆 MON87708	孟山都远东有限公司	加工原料	2015年12月31日至2018年12月31日

安全管理审批是农业转基因生物材料入境的必要环节，审批内容包括：①转基因生物的安全性评价及安全等级；②进口用途及运输途中的安全性保障；③进口国对该产品的批准状况，由农业部安全管理办公室审查并办理批件。以转基因大豆为例，2004—2015 年，我国共批准了 18 项进口大豆用作加工原料的农业转基因生物，对于美国已经批准的部分大豆品种中国未进行批准。

（五）农业转基因生物的标志管理制度

中国对转基因产品按目录实行强制定性标志。2001 年，转基因生物标志制度在《农业转基因生物安全管理条例》中明确进行了标志，随后农业部明确了标志方法和第一批标志对象（见表 3 - 12），引导农业转基因生物的生产和消费，以保护消费者的知情权，对境内销售的大豆、油菜、玉米、棉花、番茄 5 类转基因产品强制定性标志，其他产品自愿进行标志。2007 年农业部继续修订了《农业转基因生物标签的标志》，进一步细化了标志管理政策的规定和要求，包括标志位置、方式和文字样式。我国当前的转基因生物标志管理框架体系虽然已经较为完善，但是尚未明确标志所需的阈值。

表 3 - 12　　　　　　　中国第一批实施标志管理的产品目录

类别	产品
大豆	大豆种子、大豆、大豆粉、大豆油、豆粕
玉米	玉米种子、玉米、玉米油、玉米粉（含税号为 11022000、11031300、11042300 的玉米粉）
油菜	油菜种子、油菜籽、油菜籽油、油菜籽粕
棉花	棉花种子
番茄	番茄种子、鲜番茄、番茄酱

总的来说，我国农业转基因技术应用社会规制在立法体系、规制理念、监管体系和公众主体参与等方面仍然存在问题。立法体系方面，我国尚未出台一部专门地、系统地、全面地针对我国农业转基因技术应用社会规制的专项法规。各部门共同制定的行政法规和规章制

度，虽然已经比较成熟，但是，各部立法之间缺乏协调性，未形成完善的规制体系，容易形成重复和空白。规制理念方面，政府未对公众针对农业转基因技术的风险担忧和质疑进行回应，在立法、执法等方面缺乏原则性指引（顾慧，2014）。监管体系方面，冗繁的监管机构及监管过程造成监管责任不明确、效率低下，且尚存在规制制度不明确、程序不公开的问题。公众参与的原则体现不足，目前，关于农业转基因技术社会规制问题是多部门共同管理的结果，缺乏公众对转基因食品的了解。

虽然我国已经对农业转基因技术产业链的研发、试验、生产、加工、流通和标志等各个环节都做了较为详细的规定，但在具体的社会规制政策制度上也存在一些不足，具体表现在以下三个方面：

（1）不同于国际的普遍做法，中国的安全性评价的衡量标准是具体的作物品系（王琴芳，2008），在一定程度上延缓了安全评价的时间，增加了安全评价的成本，建议采用国际上通用的以转化事件为基础的评价与监管，以保障安全评价对象的科学性。应明确安全评价流程，对评价时间、评价程序、相关规定和所需材料等做出明确规定。

（2）转基因技术专利保护的基本原则包括专利的国家授予性、利益平衡原则和防止转基因技术滥用原则，我国对申请专利的审查主要依据是：该专利是否具有新颖性、创造性、实用性来进行，而我国的专利审查标准较为笼统，总体上存在漏洞，缺乏详细的应用说明，实践上不容易操作：①实用性应容易实行与操作；②新颖性应具体可执行；③创造性应涵盖较大数量的专利和发明。

（3）《农业转基因生物安全管理条例》要求对转基因食品实行强制标志，但是，没有规定明确的标志阈值，转基因食品标志阈值的制定要采取具体问题具体分析的管理标准，针对不同产品的特点，确定合适的阈值水平。

本章小结

本章首先回顾农业转基因技术的发展态势，其次对农业转基因技术应用社会规制进行供需分析，解析转基因技术应用社会规制的必要性，并从管理体系和法规体系梳理我国现行的规制管理措施，得到以下结论：

第一，农业转基因技术被广泛应用，先后研发出三代转基因作物，我国的农业转基因技术发展较早，整体研发水平位于发展中国家前列，但是，伴随着转基因技术的安全性争论，中国转基因作物的商业化种植速度减慢。

第二，当前社会舆情复杂，加之媒体的渲染报道，导致公众对转基因技术的潜在风险感到担忧，多数消费者认为，政府能够加强转基因技术的安全性评价、风险管理和监管力度，及时公开政府对转基因食品的社会规制信息和安全性评价信息及结果，规范标签张贴方式和标签信息，建立公众和社会参与机制，提升消费者对政府规制的信任度；农户希望政府构建转基因作物风险评估体系，及时准确地发布评估信息，保护转基因作物种植者的自行留种权和选择权，有效地协调农户利益和育种公司的专利权利利益，最大限度地消除农户对转基因作物风险的猜测和顾虑；科研机构研发能力和资金实力较弱，对政府制度创新和研发投入的需求能力很强，对社会规制的需求就是希望实现自主研发的转基因技术成果转化，实现转基因作物知识产权的保护，避免大公司不正当的专利垄断等规制制度。

第三，转基因技术风险的复杂性、公众认知的需求和转基因产品市场的市场失灵，加之转基因技术应用社会规制的供求矛盾突出使转基因技术应用社会规制迫在眉睫。

第四，我国农业转基因技术应用社会规制在立法体系、规制理念、监管体系和公众参与等方面仍然存在问题，需要构建更为完善的农业转基因技术应用社会规制体系。

第四章 利益相关主体对转基因技术应用的认知水平及行为分析

转基因技术应用的认知是社会规制的前提。消费者、生产者、企业、科研机构及政府部门对转基因技术的认知水平及态度将影响转基因技术的发展前景，也会进一步影响转基因技术社会规制的走向。只有摸清了各利益主体对转基因技术的认知水平和行为态度，才能有的放矢地探索完善社会规制的框架体系。鉴于此，本章分别以消费者、生产者、企业、科研机构和政府部门5个主体作为调研对象，剖析各主体对转基因技术及产品的认知水平及行为态度，并探究影响其认知行为和态度的驱动因素，为进一步解析农业转基因技术应用社会规制的影响因素提供方向。

第一节 消费者对转基因食品的认知水平与购买意愿

随着转基因技术的飞速发展，加上媒体的舆论宣传，国内转基因技术市场的形势发生改变，消费者对转基因技术及食品的关注度不断增加，2003年，有23%的被访消费者表示经常听说转基因食品，约2/3的被访者表示在与传统食品价格相同的情况下会选择购买转基因食品（白军飞，2003），在十多年后新的发展形势下，消费者对转基因技术和食品的认知程度和购买行为是否发生了改变呢？

一 数据来源与样本消费者的基本情况统计

本部分实证分析的数据来源于2015年7—8月对北京、武汉和兰州 3 个城市及其郊区消费者的分层逐级抽样和随机抽样调查。在调研过程中，采取一对一访谈的方式，并由经过岗前培训的调研员当场填写，共获得有效消费者①问卷 961 份，其中，城市消费者调研问卷 659 份，农村消费者问卷 302 份。

表 4 - 1　　　　　　　　被访消费者的基本情况

	农村		城市		总样本	
	频数(份)	百分比（％）	频数(份)	百分比（％）	频数(份)	百分比（％）
样本总量	302	31.35	659	68.65	961	100.00
性别						
男性	204	67.55	280	42.49	484	50.36
女性	98	32.45	379	57.51	477	49.64
年龄						
18—25 岁	11	3.64	177	26.86	188	19.56
26—40 岁	68	22.52	325	49.32	393	40.90
41—50 岁	90	29.80	55	8.35	145	15.09
51—65 岁	119	39.40	88	13.35	207	21.54
65 岁以上	14	4.64	14	2.12	28	2.91
受教育程度						
小学及以下	48	15.89	8	1.21	56	5.83
初中	156	51.66	61	9.26	217	22.58
高中	83	27.48	90	13.66	173	18.00
大学	15	4.97	91	13.81	106	11.03
硕士及以上	0	0	161	24.43	161	16.75
区域						
东部	99	32.78	440	66.77	539	56.09
中部	96	31.79	114	17.30	210	21.85
西部	107	35.43	105	15.93	212	22.06

从调研总样本来看，被访消费者性别比例均衡，约为 1 : 1；本次

---

① 消费者包括城乡消费者，本章第二节提到的农户对应的是农村消费者。

调研选取了年龄在 18—70 岁的消费者群体，被访者的平均年龄为 38 岁，被访者多分布在 25—40 岁，该段消费者占 40.89%；被访问对象的平均受教育程度并不高，仅 27.78% 为本科学历及以上，初中学历和高中学历占 40.58%，城市消费者的受教育程度明显高于农村；在被访者的区域分布方面，56.09% 的消费者分布在东部地区，中西部地区的消费者各占 22% 左右。

二　消费者对转基因技术及食品的认知水平

为了进一步探究消费者对转基因食品的认知水平，调查问卷中问及"您是否了解转基因产品"，48.8% 的被访者表示经常听说转基因产品，并对此有所了解，仅 1.9% 的消费者表示对转基因产品一无所知，这个调研结果比 2004 年美国消费者群体对转基因技术的认知水平高，威廉等（William et al.，2004）的研究结果表明，当时仅 5% 的被访者表示对转基因技术及产品相对比较了解。

调查问卷中 5 道生物知识判断题参考了新泽西州立大学食品政策研究所（Hallman，2004）调查问卷中的部分内容，根据答对的题数赋值，全部都不对 =0，答对 1 道题 =1，答对 2 道题 =2，答对 3 道题 =3，答对 4 道题 =4，全部答对 =5。在此次调查中，仅 13.5% 的消费者全部答对。当被问及"孩子的性别由父亲的基因决定"这个生物常识问题时，仅有 26.3% 的消费者回答正确，这是 5 道生物知识判断题中正确率最高的一题；当被问到"一个人吃了转基因水果，他的基因就会发生变化""把鱼基因导入番茄中培育出的转基因番茄会有鱼腥味"这种比较专业的生物知识时，仅 14.0% 和 10.3% 的消费者回答正确。城乡消费者生物知识测试的正确率具有明显差异，关于这5 道生物知识问答，城市消费者的正确率均高于农村的消费者（见图 4 - 1 和图 4 - 2）。

从研究成果看，虽然已有学者对消费者关于转基因技术的认知进行了研究，但是，对于认知程度的定义有失科学性，仅限于把转基因食品听说程度作为衡量标准，本书综合考虑转基因食品听说程度、转基因产品认知数量、转基因作物优势及潜在风险认知和生物知识了解程度4项指标，运用主成分分析法抽取到衡量消费者对转基因食品认知程度的关键因子，并计算认知水平得分。

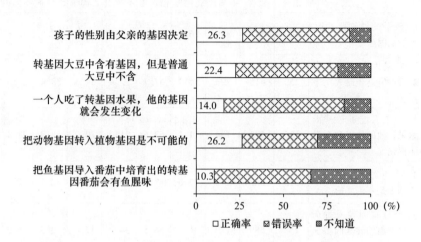

图4-1　被访消费者对生物知识测试的回答结果

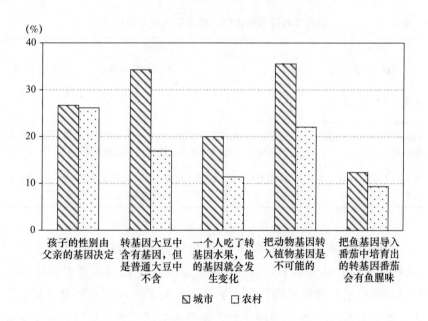

图4-2　城乡消费者生物知识测试的正确率

表 4 - 2   城乡消费者生物知识测试的正确率对比

问题	总样本（份）			农村（%）			城市（%）		
	正确	错误	不知道	正确率	错误率	不知道	正确率	错误率	不知道
1. 孩子的性别是由父亲的基因决定	99	533	329	26.1	63.1	10.8	26.7	57.5	15.8
2. 转基因大豆中含有基因，但是普通大豆中不含	252	416	293	16.9	67.7	15.4	34.3	38.4	27.3
3. 一个人吃了转基因水果，他的基因就会发生变化	135	592	134	11.4	67.6	21.0	20.0	48.9	31.1
4. 把动物基因转入植物基因是不可能的	215	562	184	22.0	48.5	29.5	35.6	32.1	32.3
5. 把鱼基因导入番茄中培育出的转基因番茄会有鱼腥味	253	589	119	9.3	56.5	34.2	12.4	53.3	34.3

表 4 - 3   消费者对转基因作物认知水平的定义及赋值

衡量指标	赋值
转基因食品听说程度	从未听说 = 1，只听过一两次 = 2，偶尔听说 = 3，经常听说 = 4
转基因产品认知数量	不清楚 = 1，知道两种以下的 = 2，知道四种以下的 = 3，知道 5 种以上的 = 4
转基因作物优势及潜在风险认知	不清楚 = 1，没有优势或潜在风险 = 2，知道 3 种以下优势或者潜在风险 = 3，知道 4 种以上优势或者潜在风险 = 4
生物知识了解程度（5 道判断题）	全部都不对 = 0，答对 1 道题 = 1，答对 2 道题 = 2，答对 3 道题 = 3，答对 4 道题 = 4，全部答对 = 5

　　消费者对转基因产品的平均认知得分为 5.24（认知得分介于 1.04—7.63），认知水平较高，其中，认知水平最高的消费者得分为 7.63，农村消费者的平均认知水平得分为 4.57，而城市消费者的平均认知水平为 5.55。总的来说，城市消费者对转基因食品的认知水平普遍高于农村消费者。

　　图 4 - 3 是表示消费者对转基因技术认知水平的概率密度图，不

同性别、年龄、收入、地区分布和受教育程度消费者对转基因食品的
认知水平表现出明显的差异性。

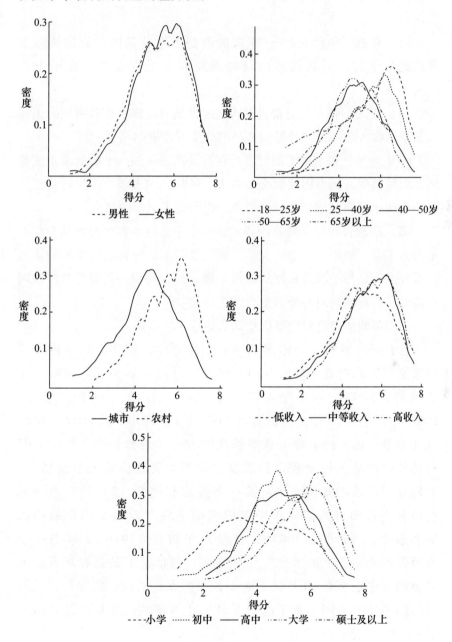

图 4 - 3　消费者对转基因技术认知水平的概率密度

（1）性别。女性消费者的认知水平高于男性消费者，因为女性多为家庭决策者和购买者，对转基因食品的了解度和关注度自然高于男性。

（2）年龄。年龄在18—25岁的消费者对转基因食品的认知水平较高，年轻人对新技术的认知程度和接受程度普遍高于年长的人。

（3）收入。收入与消费者对转基因食品的认知水平有明显的正相关关系，收入越高，对转基因食品的认知程度也越高。

（4）地区分布。城市消费者对转基因产品认知水平的概率密度曲线在农村消费者概率密度曲线的右边，可见，城市消费者对转基因产品的认知水平明显高于农村消费者，也印证了上面的结论。

（5）受教育程度。转基因技术认知水平的概率密度曲线从左到右依次为小学、初中、高中、大学、硕士及以上，对转基因食品的认知高低程度明显与受教育程度的趋势一致，也就是说，消费者对转基因食品的了解程度与自身受教育程度正相关。

三 影响消费者对转基因食品认知水平的因素

已有研究表明，个体禀赋特征、社会经济特征、信息传播等因素显著影响消费者对转基因技术及产品的认知水平（钟甫宁和丁玉莲，2004；钟甫宁和陈希，2008；周峰，2003a；周峰，2003b；周慧，2012；冯良宣，2013等）。其中，受教育程度与认知水平正相关；消费者获取信息的方式和内容会明显影响他们对转基因产品的风险意识和态度，消费者获取信息的渠道越多，对转基因产品的知晓水平越高（齐振宏和周慧，2010）；消费者对政府监管部门的信任水平同样影响消费者对转基因食品的认知和态度（仇焕广，2007b；齐振宏和周慧，2010）。本书在已有研究的基础上增加了家庭成员结构，包括家中是否有6岁以下儿童和家中是否有60岁以上老人，不同成员结构的家庭对转基因食品的关注度不同。关于消费者对转基因食品的影响变量具体见表4－4。

表 4 - 4　影响消费者对转基因食品认知水平的变量含义及赋值

解释变量	具体含义	赋值
年龄	被访者年龄	
受教育程度		小学及以下 = 1，初中 = 2，高中/中专 = 3，大专 = 4，本科 = 5，硕士及以上 = 6
收入	被访者月收入	3000 元以下 = 1，3000—5000 元 = 2，5001—7000 元 = 3，7001—10000 元 = 4，10001—14000 元 = 5，14001—18000 元 = 6，18001—24000 元 = 7，24000 元以上 = 8
职业	职业是否与转基因技术相关	不相关 = 0，相关 = 1
家庭成员数	家庭常住人口数	
家中是否有 6 岁以下儿童		没有 = 0，有 = 1
家中是否有 60 岁以上老人		没有 = 0，有 = 1
信息来源数	信息来源数目	信息来源数目，包括来自电视、广播、书籍报刊、互联网、课堂、超市和亲戚朋友等
是否看产品说明或标签		从不看 = 1，偶尔看 = 2，经常看 = 3
对政府部门的信任程度		完全不信任 = 1，比较不信任 = 2，视情况而定 = 3，不完全信任 = 4，很信任 = 5
地区（城乡）	所在地区	城市 = 1，农村 = 0

　　为了判断消费者自身的个体特征是否对转基因食品认知水平有显著影响，运用 STATA14.0 进行了 ANOVA 方差分析，由表 4 - 5 可以看到，整个模型的 F 值为 2.74，通过了 1% 的显著性水平检验，消费者的年龄、受教育程度、职业、信息来源数、是否看产品说明或标签、对政府部门的信任程度和地区（城乡）变量等均通过显著性检验，表明年龄、受教育程度、职业等因素对消费者转基因食品的认知水平均有明显影响，而家庭成员数对转基因食品认知水平的影响并不明显。

表 4 - 5　　　　　消费者对转基因食品认知水平的 ANOVA 分析

变量	平方和	自由度	均方	P 值
模型	624.351	83	7.522	0.000 ***
年龄	178.082	49	3.634	0.0758 *
受教育程度	38.980	5	7.996	0.015 **
收入	16.940	7	2.419	0.521
职业	20.882	1	20.882	0.023 **
家庭成员数	27.632	7	3.947	0.188
家中是否有 6 岁以下儿童	0.868	1	0.868	0.574
家中是否有 60 岁以上老人	21.938	1	21.938	0.005 ***
信息来源数	23.261	3	7.754	0.038 **
是否看产品说明或标签	23.371	2	11.686	0.015 **
对政府部门的信任程度	176.889	4	44.222	0.000 ***
地区（城乡）	24.0568	1	24.057	0.003 ***

注：*** 、** 和 * 分别表示在 1% 、5% 和 10% 的显著性水平下显著。

本书运用分位数回归方法具体解析我国消费者对转基因食品认知水平的变化，结果与 ANOVA 分析一致，消费者的年龄、受教育程度、收入以及信息来源渠道等变量均影响消费者对转基因产品的认知。

（1）受教育程度与消费者对转基因食品的认知水平有正向影响，受教育水平越高，消费者的视野越开阔，获取新事物的信息能力越强，认知水平也越高。

（2）消费者的职业与个人对转基因食品的认知水平有显著正效应，职业与转基因技术相关的消费者认知水平明显高于与转基因技术无关的消费者。

（3）信息来源渠道与消费者的认知水平成正比，但是，由分位数回归系数可知，信息来源渠道对认知水平较低的消费者影响较大，然后随着认知水平的增加，信息来源渠道的影响在下降。

（4）对政府部门的信任程度显著影响消费者的认知水平，特别是在认知水平的 0.4 分位点处，消费者对政府部门的信任程度显著正向影响自身的认知水平，可能的原因在于关于转基因技术应用社会规制能够引导公众的认知，进而对规制主体的信任度也会影响公众对转基因食品的认知水平。

由城乡消费者认知水平的分位数回归系数变化可知，不同变量对城乡消费者转基因技术及产品认知程度的影响系数不同。以年龄为例，在城市消费者中，年龄的分位数回归系数呈现先上升后下降的趋势，也就是说，年龄对认知程度区间分布的两端影响小于对其中间部分的影响，年龄对高认知水平和低认知水平影响较小，而最大受益者为中间阶层；在农村消费者中，年龄的分位数回归系数呈现先下降后上升的趋势，年龄对认知程度的区间分布的两端影响大于对其中间部分的影响，也就是说，年龄对高认知水平和低认知水平影响较大，而中间阶层影响较小。在受教育程度上，影响系数随着分位数的增加而逐渐降低，表明受教育程度对认知水平较低的消费者作用较大，应该对认知水平处于低阶段和中间阶段的这部分群体进行科普宣传和培训，提高他们的受教育程度，进而提高自身的认知水平。

消费者对转基因食品认知的影响因素的分析结果如表4-6所示。

表4-6　　消费者对转基因食品认知的影响因素的分析结果

解释变量	q20	q40	q60	q80
年龄	0.0103	0.0161 *	0.0159	0.0230 **
	(0.00887)	(0.00954)	(0.0137)	(0.00939)
受教育程度	0.195 **	0.149	0.194 *	0.188
	(0.0916)	(0.114)	(0.115)	(0.153)
收入	0.0346	0.0377	0.0863 *	0.0344
	(0.103)	(0.0810)	(0.0517)	(0.0768)
职业	0.573 ***	0.540 **	0.490 **	0.328 **
	(0.167)	(0.213)	(0.199)	(0.159)
家庭成员数	0.0680	-0.0419	0.0411	0.133 **
	(0.112)	(0.105)	(0.0891)	(0.0671)
家中是否有6岁以下儿童	0.0904	0.0122	0.0715 *	0.0500
	(0.190)	(0.232)	(0.275)	(0.310)
家中是否有60岁以上老人	-0.352 **	-0.500 ***	-0.433 **	-0.315
	(0.141)	(0.133)	(0.192)	(0.225)
对政府部门的信任程度	0.0580	0.148 **	0.0733	0.0733
	(0.121)	(0.0702)	(0.0989)	(0.0957)

解释变量	q20	q40	q60	q80
是否看产品说明或标签	0.260	0.457***	0.599***	0.373
	(0.191)	(0.135)	(0.206)	(0.297)
信息来源数	0.468***	0.542***	0.485***	0.379***
	(0.0767)	(0.0574)	(0.0849)	(0.103)
地区（城乡）	0.353	0.676***	0.862***	0.576**
	(0.238)	(0.202)	(0.215)	(0.280)
常数项	2.828***	3.679***	3.829***	5.111***
	(1.022)	(1.081)	(0.988)	(1.083)

注：***、**和*分别表示在1%、5%和10%的显著性水平下显著。

四 消费者对转基因食品的态度及影响因素分析

关于消费者对转基因食品购买意愿的研究致力于解决三个科学问题：（1）在当前复杂的情况下，消费者群体对转基因食品持什么样的态度？（2）哪些因素会影响消费者对转基因食品的购买决策行为？（3）风险认知在消费者购买意愿行为过程中是否起到中介效应？为解决这些问题，本部分从消费者的风险认知与态度两者之间的关系出发，测度当前消费者群体对转基因食品的行为立场，并探究影响消费者购买意愿的关键因素，同时检验风险认知在消费者行为过程中是否起到中介作用，以期为政府妥善处理农业转基因技术风险不确定性提供政策启示。

（一）消费者对转基因技术及产品的态度

在被调查的城市消费者中，男性占42.5%，女性占57.5%，女性多为家庭消费的购买者和决策者，比重略高于男性；被访者多分布在25—40岁，该年龄段占49.3%；被访问对象的平均受教育程度较高，38.2%为本科以上，仅有10.5%为初中及以下；家庭人均收入较为均衡，未出现明显的分化情况。

当被问到"您能接受转基因食品出现在日常生活中吗？"42.3%的被访者表示不能接受转基因食品，34.3%的消费者表示可以接受转基因食品，剩余23.4%的消费者表示并不确定（见表4-7）。消费者表示可以接受的转基因产品主要是转基因大豆和转基因番木瓜。

表 4 - 7 消费者对转基因食品的态度

消费者态度	完全不能接受	不能接受	视情况而定	可以接受	完全可以接受
比例（%）	9.5	32.8	23.4	31.9	2.4

如果超市货架上同时出售转基因食品与非转基因食品，61.2%的消费者表示会购买非转基因食品，仅有13.8%的消费者愿意购买转基因食品，剩余25.0%消费者选择视情况而定。其中，愿意购买的原因主要是转基因食品可以增加营养、价格较低且能够改善口味，对于那些选择视情况而定的消费者，当转基因食品比传统食品价格低20%—40%时，这部分消费者表示会选择购买转基因食品，这个结论印证了（Hossain et al.，2003）的研究结果。

由前面的结论可知，食品价格是影响消费者是否购买的重要变量之一，表 4 - 8 统计了不同收入群体对转基因产品的态度，当家庭月收入低于3000元时，消费者对转基因产品的接受度最高，达到40.38%；当月收入大于24000元时，相比于其他消费群体，该收入段消费者群体的接受意愿最低，只有9.38%；在这个收入群体中，完全不能接受转基因出现在日常生活中的比重高达12.50%。为了进一步探究影响公众对转基因食品购买意愿的关键因素，下面将运用多属性态度模型来解释消费者的购买决策行为。

表 4 - 8 不同收入群体对转基因食品的态度 单位:%

收入	完全不能接受	不能接受	视情况而定	可以接受
3000 元以下	7.69	25.00	26.92	40.38
3000—5000 元	9.16	34.35	22.90	33.59
5001—7000 元	8.73	36.51	23.81	30.95
7001—10000 元	12.42	28.76	23.53	35.29
10001—14000 元	9.41	30.59	22.35	37.65
14001—18000 元	10.00	50.00	15.00	25.00
18001—24000 元	0.00	31.82	36.36	31.82
24000 元以上	12.50	46.88	31.25	9.38

（二）消费者对转基因食品态度的影响因素分析

学术界关于消费者对转基因食品的行为意愿主要围绕认知行为、

购买意愿和支付意愿等研究方向。风险认知主要集中于人类健康和生态环境等方面，而风险认知的侧重方向又因国而异，如美国消费者主要关注转基因食品的安全性问题，52%的被访者不太关心食品所带来的营养方面的改善；而欧盟公众的态度与美国不同，对转基因食品持消极态度，60%的消费者认为，可能会对人类身体造成损害，对未来转基因技术的发展表示迷茫和担忧（徐静，2006）；相较于美国被访者的积极态度，日本消费者同欧盟被访者立场基本一致，担忧转基因食品对人类健康、生态环境和伦理道德的潜在风险和危害（冯良宣，2013）；中国的被访者同样担心转基因产品的潜在风险（曲瑛德，2011）。消费者的个体特征、消费者对产品的了解程度、消费者的风险态度以及对政府部门的信任程度等主观因素造成了消费者的风险认知差异（冯良宣，2013；张郁等，2014），其中，霍尔曼（Hallman，2004）指出，年龄、受教育程度、收入、职业、居住地、健康状况、风险偏好、消费需求及宗教信仰、信息来源及信任度（Huffman et al.，2007；郑志浩，2015b）等因素会影响消费者的购买决策，仇焕广（2007b）提出，消费者对政府监管部门的信任水平同样影响消费者对转基因食品的态度。根据消费者对转基因产品的认知行为和态度，加斯克尔等（2006）将消费者分为乐观的、视情况而定和悲观的三类人群，而剩余那些选择视情况而定的消费者在其他有利条件的驱使下，会选择转基因食品（Hossain et al.，2003；Onyamgo and Hallman，2004）。关于消费者转基因食品的认知水平与购买态度之间的关系，相关研究的结果并无不同，黄季焜等（2006）表示中国消费者对转基因食品的认知水与转基因食品接受程度正相关，而钟甫宁和陈希（2008）得出的结论刚好相反。

多属性态度模型（Multi - attribute Model）多用于解释消费者的购买决策行为（Martin Fishbein，1963；Mitchell，1981），本书运用该模型剖析影响消费者对转基因食品行为和态度的关键因素，具体形式为：

$$A = \sum_{i=1}^{N} \beta_i E_i \qquad (4-1)$$

式中，A 表示消费者对待一个客体的总体态度，E_i 表示消费者对

属性 i 的偏好程度，β_i 表示消费者对该客体拥有的第 i 个属性的信念强度。本书中，这个客体指的是转基因食品。用消费者的认知程度来衡量消费者的信念（包括风险认知和收益认知）。

测度消费者转基因食品购买行为的关键在于识别转基因食品潜在的正面特征和负面特征，认知行为包括风险认知和收益认知，其中，对转基因技术持积极态度的消费者认为，转基因技术可以提高作物的抗逆性，减少农药的使用量，提高单产产量，同时提高食品所附加的营养价值，延长保质期等（Vogt，1999；Butler and Reichhardt，1999；Matin and Zilberman，2003）。他们普遍认为，转基因作物高产优质低成本的特性将是缓解粮食短缺、带动农产品加工等产业发展的有效手段之一。反对转基因技术的消费者担心转基因食品会对人类健康造成潜在危害，同时基因会污染传统作物，会对生态环境造成危害（Conner et al.，2003），认为转基因技术违背了自然法则和伦理道德。

总之，公众关注的转基因技术及产品属性包括：①增产；②提高营养价值；③改善口味；④延长保质期；⑤减少农药使用量；⑥对人类健康有潜在风险；⑦对生态环境有潜在风险；⑧违背伦理道德。前5个属性为正面特征，后3个为负面特征。除了以上属性特征，本书还考虑了消费者对政府部门的信任程度（trust）、对转基因产品的听说程度（aware）、消费者获取转基因信息的渠道（information）和消费者个人自身禀赋特征［包括性别（gender）、年龄（age）、受教育程度（education）和月收入（income）］对消费者态度（attitude）的影响。具体模型如下：

$$attitude = b_{11}age + b_{12}gender + b_{13}income + b_{14}education + \varepsilon_1$$

$$attitude = b_{21}risk + b_{22}benefit + \varepsilon_2$$

$$attitude = b_{31}trust + b_{32}aware + b_{33}information + \varepsilon_3$$

$$attitude = b_{41}age + b_{42}gender + b_{43}income + b_{44}education + b_{45}trust + b_{46}aware + b_{47}information + \varepsilon_4$$

$$attitude = b_{51}age + b_{52}gender + b_{53}income + b_{54}education + b_{55}risk + b_{56}benefit + b_{57}trust + b_{58}aware + b_{59}information + \varepsilon_5$$

$$attitude = b_{61}age + b_{62}gender + b_{63}income + b_{64}education + b_{65}trust +$$

$$b_{66}aware + b_{67}information + \varepsilon_6 \qquad\qquad (4-2)$$

其中，$risk$ 表示潜在风险，$benefit$ 表示对转基因技术优势的认知，ε_1、ε_2、ε_3、ε_4、ε_5、ε_6 表示残差项。

在转基因技术及产品的属性中，增产、提高营养价值、改善口味、延长保质期和减少农药使用量属于收益认知部分，对人类健康有潜在风险、对生态环境有潜在风险和违背伦理道德属于潜在风险认知方面，通过阅读已有文献，本书假设消费者风险认知、收益认知、对政府部门的信任程度、对转基因食品听说程度、信息获取渠道和自身禀赋特征对转基因食品的购买意愿有显著影响，采用多属性态度模型剖析影响消费者转基因食品购买意愿的关键因素及其具体影响程度。影响消费者对转基因食品态度的变量含义及赋值如表 4-9 所示。

首先初步衡量风险认知、收益认知与消费者态度之间的关系，表 4-10 和表 4-11 表明了风险认知和收益认知与消费者态度（由完全不接受到完全接受）的相关系数，所有的负面特征均与消费者对转基因食品的接受度负相关，其中，对人类健康产生影响的顾虑与消费者的购买意愿两者关系最为紧密，而生态环境和伦理道德对消费者态度的相关系数几乎没有差异，这表明消费者对两者的担忧对消费的态度影响基本一致。同样，转基因技术 5 个正面属性特征与消费者接受度呈正向影响，其中，与消费者接受度联系最为紧密的是转基因食品可以提高营养和延长保质期这两个特性。

我们以"您对质量安全认证的食品是否放心购买？政府监管职能的实施是否让您放心购买？政府机构对转基因生物的安全评价是否会增强您的信心？"三个指标来衡量消费者对政府部门的信任程度，采用 Moon 和 Siva（2004）的方法将三个指标的得分加总得到该被访者对政府部门的信任程度（值在 3—12），其他变量诸如风险认知、收益认知和转基因技术及食品的听说程度均以此方法进行衡量，运用多属性态度模型对影响消费者转基因食品购买意愿的关键变量进行阐释，其中，模型 1 至模型 6 运用有序 Logistic 模型得到表 4-12 模型结果。

第四章　利益相关主体对转基因技术应用的认知水平及行为分析 / 77

表4-9　影响消费者对转基因食品态度的变量含义及赋值

变量		含义解释	变量赋值	均值
自身禀赋特征	年龄	被访者的实际年龄		33.80
	性别		女性=0, 男性=1	0.43
	收入	月收入	3000元以下=1, 3001—5000元=2, 5001—7000元=3, 7001—10000元=4, 10001—14000元=5, 14001—18000元=6, 18001—24000元=7, 24000元以上=8	5.25
	受教育程度		小学及以下=1, 初中=2, 高中或中专=3, 大专=4, 本科=5, 硕士及以上=6	4.67
风险认知	人类健康	转基因食品对人类健康存在潜在风险	不知道=1, 不同意=2, 不完全同意=3, 完全同意=4	2.71
	生态环境	转基因技术对生态环境存在潜在风险	不知道=1, 不同意=2, 不完全同意=3, 完全同意=4	2.72
	伦理道德	使用转基因技术是违背伦理道德的	不知道=1, 不同意=2, 不完全同意=3, 完全同意=4	2.70
收益认知	产量	转基因技术可以提高作物产量	不知道=1, 不同意=2, 不完全同意=3, 完全同意=4	2.46
	营养	转基因食品可以提高营养价值	不知道=1, 不同意=2, 不完全同意=3, 完全同意=4	2.09
	口味	转基因食品可以改善口味	不知道=1, 不同意=2, 不完全同意=3, 完全同意=4	2.14
	保质期	转基因食品可以延长保质期	不知道=1, 不同意=2, 不完全同意=3, 完全同意=4	2.21
	农药使用量	转基因技术可以减少作物使用农药量	不知道=1, 不同意=2, 不完全同意=3, 完全同意=4	2.29

续表

变量	含义解释	变量赋值	均值
对政府部门的信任程度	您对质量安全认证的食品是否放心购买？	完全不放心=1，不完全放心=2，视情况而定=3，很放心=4	2.29
	政府监管职能的实施是否让您放心购买？	完全不信任=1，比较不信任=2，视情况而定=3，不完全信任=4，很信任=5	3.12
	政府机构安全评价是否会增强您的信心？	不会=1，视情况而定=2，会=3	2.02
转基因食品听说程度	您是否听说过生物技术、基因、杂交这类名词？	从未听说=1，只听过一两次=2，偶尔听说=3，经常听说=4	3.47
	您听说过转基因作物或者转基因食品吗？	从未听说=1，只听过一两次=2，偶尔听说=3，经常听说=4	3.53
转基因信息来源	转基因信息来源数	包括电视、广播、书籍报刊、互联网、课堂、超市、亲戚朋友等	2.38

表 4 - 10　消费者态度与转基因食品潜在的负面特征之间的相关系数矩阵

	消费者态度	人类健康	生态环境	伦理道德
消费者态度	1.0000			
人类健康	- 0.4098	1.0000		
生态环境	- 0.2749	0.6676	1.0000	
伦理道德	- 0.2602	0.6219	0.6299	1.0000

表 4 - 11　消费者态度与转基因食品的正面特征之间的相关系数矩阵

	消费者态度	产量	营养	口味	保质期	农药使用
消费者态度	1.0000					
产量	0.0425	1.0000				
营养	0.1896	0.5265	1.0000			
口味	0.0981	0.5689	0.7492	1.0000		
保质期	0.1081	0.6096	0.5755	0.6024	1.0000	
农药使用	0.0157	0.6234	0.5357	0.5307	0.5610	1.0000

表 4 - 12　　消费者对转基因食品购买意愿的影响因素估计结果

变量	模型 1 消费者态度	模型 2 消费者态度	模型 3 消费者态度	模型 4 消费者态度	模型 5 消费者态度	模型 6 风险认知
自身禀赋特征						
年龄	- 0.013 *** (0.004)			- 0.017 *** (0.004)	- 0.019 (0.089)	0.0340 *** (0.011)
性别	0.058 (0.086)			0.090 (0.087)	- 0.013 (0.009)	- 0.691 *** (0.225)
收入	0.070 *** (0.022)			0.054 *** (0.023)	0.020 (0.023)	- 0.263 *** (0.063)
受教育程度	0.105 *** (0.046)			0.095 *** (0.048)	0.079 (0.048)	0.147 * (0.109)
风险认知		- 0.129 *** (0.013)			- 0.116 *** (0.014)	

续表

变量	模型 1 消费者态度	模型 2 消费者态度	模型 3 消费者态度	模型 4 消费者态度	模型 5 消费者态度	模型 6 风险认知
收益认知		0.063 ***			0.049 ***	
		(0.015)			(0.016)	
对政府部门的信任程度			0.166 ***	0.147 ***	0.095 ***	- 0.261 ***
			(0.019)	(0.023)	(0.022)	(0.060)
转基因食品听说程度			0.146 ***	0.045 ***	0.027	0.146 ***
			(0.141)	(0.016)	(0.016)	(0.041)
转基因信息来源			0.205 ***	0.191 ***	0.107 ***	0.184 **
			(0.038)	(0.038)	(0.034)	(0.092)

注：*** 、** 和 * 分别表示在 1%、5% 和 10% 的显著性水平下显著。

（三）风险认知对转基因食品态度的中介效应

本部分假设消费者的认知行为在消费者自身的禀赋特征、对转基因食品听说程度、对政府部门的信任程度及获取信息的渠道方面与对转基因食品的接受态度之间起到中介作用，运用调节—缓和模型（Baron，1986）检验风险认知是否对具体的解释变量发挥中介效应，应需要满足以下三个条件（以消费者对转基因食品听说程度这个变量为例）：

（1）在模型 $attitude = b_0 + b_1 aware$ 中 b_1 显著；

（2）在模型 $risk = b_2 + b_3 aware$ 中 b_3 显著；

（3）在模型 $attitude = b_4 + b_5 risk + b_6 benefit + b_7 aware$ 中 b_7 不再显著或者 $b_7 < b_1$ 和 b_5、b_6 显著。

风险认知与消费者对转基因食品态度中介作用的逻辑关系如图 4 - 4 所示。

对比模型 1 至模型 6 可以检验消费者的风险认知对转基因食品态度是否存在中介效应，同样，以对转基因食品听说程度这个变量为例，存在以下三种状况：（1）在模型 3 中该变量系数显著，如果在模型 5 中该变量系数并不显著，则表明消费者对转基因食品听说程度在很大程度上通过认知行为变量的调节对消费者的态度产生影响；

（2）在模型 3 与模型 5 中该变量系数几乎没有差异则表明该变量直接对消费者的态度产生影响；（3）在模型 4 中该变量系数小于模型 3 中，在两个模型中均显著，则表明消费者对转基因食品听说程度部分通过认知行为发挥作用，部分直接作用于消费者对转基因产品的态度。

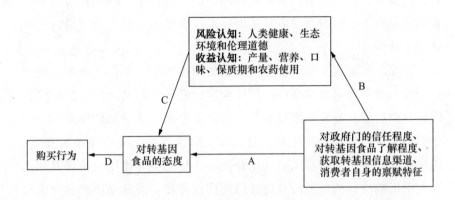

图 4-4　风险认知与消费者对转基因食品态度中介作用的逻辑关系

　　结果表明，消费者自身的禀赋特征、对政府部门的信任程度[1]、对转基因食品听说程度和获取转基因信息来源等变量均会影响消费者对转基因食品的态度。在没有加入风险认知和收益认知的情况下，模型 1 估计了消费者自身禀赋对转基因技术及产品的态度的影响，其中，年龄、收入和受教育程度均在 1% 的显著性水平下显著，收入水平越高、受教育程度越高，消费者对转基因食品的接受程度越高；年轻的消费者相对于年龄较大的消费者接受转基因食品的态度更为明确；性别这一变量并没有显著影响消费者的态度。

　　模型 2 考虑了风险认知与收益认知对消费者态度的影响，两者均对消费者的行为产生影响，且影响方向与上文的初步判断一致。

---

　　① 仇焕广（2007b）研究指出，消费者对政府管理能力的信任程度有显著的内生性，忽略内生性会低估政府信任对消费者接受程度的影响。本书选择表 4-9 中的 3 个指标来表示消费者对政府规制的信任度，结果表明，消费者对政府部门的信任程度会显著影响自身的购买意愿，并经过豪斯曼（Hausman）检验并不存在内生性问题。

模型 3 估计了消费者对规制机构的信任、消费者对转基因食品听说程度、消费者获取转基因技术及产品信息对消费者态度的作用，三者均对消费者转基因食品的接受度有显著的正向作用。

模型 4 在模型 3 的基础上添加了个人自身禀赋的作用，模型 4 变量中，年龄、收入和受教育程度的系数同模型 1 变化不大，且均显著，同模型 3 相比，消费者对政府部门的信任程度、消费者对转基因食品听说程度、消费者获取转基因技术及产品的信息三个变量的估计系数均减少。

在加入风险认知和收益认知变量的模型 5 中，年龄、收入、受教育程度、消费者对政府部门的信任程度、消费者对转基因食品听说程度以及消费者获取转基因技术及产品的信息 6 个变量的估计系数均小于模型 4 中的系数，且年龄、收入和受教育程度 3 个变量不再显著，说明这 3 个变量是通过风险认知和收益认知的中介作用对消费者的态度产生影响的；消费者对政府部门的信任程度、对转基因产品听说程度和获取转基因信息的渠道这 3 个指标，部分通过风险认知来影响消费者的态度，部分直接影响消费者的消费行为，即路径 A 和路径 B 同时发生，同时在模型 6 中这 3 个变量均显著，同时验证了风险认知的中介效应。

第二节　农户对转基因作物的认知水平与种植意愿

农户作为农业生产主体，主要考虑成本和收益问题，在市场需求和转基因技术成本投入不确定时，他们必须在常规传统技术和生物技术之间做选择，他们的认知水平和种植意愿将会直接影响转基因作物品种的推广（陆倩和孙剑，2014）。

一　数据来源及样本农户的基本情况统计

本部分实证分析的数据来源于 2015 年 7—8 月对北京、武汉和兰州 3 个城市 4 个郊区县（区）6 个乡镇 9 个村农户的分层逐级抽样和随机抽样调查。调研过程中，采取一对一访谈的方式，并由经过岗前培训的调研员当场填写，共获得有效农户问卷302份。

在样本农户中，户主为男性的占67.2%，户主为女性的占32.8%①；户主平均年龄为47.7岁，因为调查地区年轻劳动者大多外出打工，抽样到的年轻户主比重不高，留在农村务农的劳动力年龄偏大；户主受教育程度较低，学历为初中的比重为51.7%，大专以上的仅占5.0%；农户家庭人均年收入分布比较均匀，2014年人均年收入在5001—10000元的比重较大，为39.1%；农户兼业程度的分布不均衡，兼业程度为0—20%的占20.9%，81%—100%的占29.7%，呈现明显的两极分化，样本农户的基本情况详见表4-13。

表4-13　　样本农户基本情况（变量的分组及所占比重）

变量		比重（%）	变量		比重（%）
户主性别	男	67.2	人均年收入	5001—8000元	20.2
	女	32.8		8001—10000元	18.9
受教育程度	小学及以下	15.8		10001—15000元	14.6
	初中	51.7		15001元及以上	13.6
	高中或中专	27.5	兼业程度	0—20%	20.9
	大专	4.0		21%—40%	11.3
	本科	1.0		41%—60%	18.9
人均年收入	3000元及以下	15.2		61%—80%	19.2
	3001—5000元	17.5		81%—100%	29.7

二　农户对转基因技术及作物的认知水平

若仅把是否听说过转基因技术或者转基因作物（农户对转基因作物听说程度）这个定义作为农户对转基因作物认知水平的衡量指标有失科学性，综合统筹考虑转基因食品听说程度、转基因产品认知数量、转基因作物优势及潜在风险认知和生物知识了解程度4项指标衡

---

① 入户调查时一般要求户主填写问卷，一般而言，户主为男性的家庭比重高于女性。

量农户对转基因作物了解程度指标，运用 SPSS21.0 将这 4 个指标进行主成分分析，抽取出表示认知水平的主成分，并计算得到表示认知水平的主成分分析综合得分。结果表明，认知水平的平均得分为4.57，最低得分为 1.04 分，最高得分为 7.63 分，其中，1.04—2.00 分的占 3.3%，2.00—4.00 分的占 27.5%，4.00—6.00 分的占 55.0%，6.00—7.63 分的占 14.2%，呈现明显的正态分布。

问卷请农户对转基因技术的 5 道陈述题做出判断，总体上看，农户对与基因有关的生物知识的认知水平同美国和欧盟十年前的认知水平相比还有较大差距。具体来说，问题 1 "孩子的性别是由父亲的基因决定" 的正确率达 57.5%，可能与农村的卫生医疗教育宣传有关，农民在这方面的文化水平明显提高；问题 2 "转基因大豆中含有基因，但是，普通大豆中不含" 和问题 4 "把动物基因转入植物基因是不可能的" 这种专业性较强的问题，正确率仅有 34.2% 和 35.6%，农户对转基因技术的具体运用及影响缺乏了解，认知比较模糊。

在 302 户被调查者中，5 道题全答错的 30 人（9.97%），答对 1 道和 2 道的概率均为 22.59%，答对 4 道的 43 人（14.29%），全部答对的仅 21 人（6.98%）。同样表明，中国农户对转基因作物和转基因技术的认知模糊，认知水平有待提高，应加大转基因技术及应用的科普宣传力度，增强农户的认知水平。

中国、美国和欧盟关于生物知识问答结果统计情况比较如表 4 –14 所示。

表 4 –14　　　　生物知识问答结果统计情况比较（正确率）　　单位：%

生物知识判断	中国		美国		欧盟	
	2010 年	2015 年	2003 年	2004 年	2002 年	2005 年
1. 孩子的性别是由父亲的基因决定	43.7	26.1	73	57	—	—
2. 转基因大豆中含有基因，但是普通大豆中不含	25.3	16.9	57	40	36	41
3. 一个人吃了转基因水果，他的基因就会发生变化	35.8	11.4	68	45	49	54

续表

生物知识判断	中国		美国		欧盟	
	2010 年	2015 年	2003 年	2004 年	2002 年	2005 年
4. 把动物基因转入植物基因是不可能的	15.7	22.0	48	30	26	31
5. 把鱼基因导入番茄中培育出的转基因番茄会有鱼腥味	—	9.3	60	42	—	—

注：中国 2015 年数据为本次调研所得，中国 2010 年数据来源于徐家鹏（2010）、美国数据来源于霍尔曼等（Hllman，2004；George et al. , 2006）和欧洲数据来源于乔治等（George et al. , 2005），—表示数据不可得。

三　影响农户对转基因作物的认知水平的因素

（一）农户对转基因作物认知理论模型与变量选择

本部分主要围绕两个问题展开研究：（1）为什么有的农户了解知道转基因作物，但有的农户却不知道；（2）那些已经了解转基因作物的农户在认知水平上又有什么区别？赫克曼两步法模型主要用来解决以上两个问题，第一阶段是哪些因素影响农户了解转基因作物，第二个阶段是农户在有了解的基础上有哪些因素影响农户的认知差异，同时验证和解决变量的内生性问题。

假设农户对转基因作物的认知水平模型为 $y_i = x'_i \beta + \varepsilon_i$（$i = 1$，$2$，…，$n$），其中，被解释变量 y_i 表示农户对转基因作物的认知水平，它是否可以被观测取决于二值选择变量 z_i（取值为 0 或 1），当 $z_i = 1$ 时被解释变量可被观测到，当 $z_i = 0$ 时被解释变量不能被观测到。z_i 的值决定于二值变量的方程：

$$z_i = \begin{cases} 1 & z_i^* > 0 \\ 0 & z_i^* \leqslant 0 \end{cases} \tag{4-3}$$

$z_i^* = w'_i r + u_i z_i^*$ 为不可观测的潜变量。

$$E(y_i) = E(y_i \mid z_i^* > 0)$$
$$= E(x'_i \beta + \varepsilon_i \mid w'_i r + u_i > 0)$$
$$= x'_i \beta + E(\varepsilon_i \mid u_i > -w'_i r)$$
$$= x'_i \beta + \rho \delta_\varepsilon \lambda(-w'_i r) \tag{4-4}$$

$$\frac{\partial E(y_i \mid z_i^* > 0)}{\partial x_{ik}} = \beta_k + \rho\sigma_\varepsilon \frac{\partial \lambda(-w'_i r)}{\partial x_{ik}} \qquad (4-5)$$

根据选择性样本，可以得到估计值，即各解释变量对转基因作物的认知水平的影响程度。

关于影响农户对转基因作物的认知因素，已有研究表明，影响因素主要包括农户的自身禀赋特点，如年龄、性别、受教育程度、职业类型及收入等因素（Chianu，2004；Gershon et al.，1985），其中，李用鹏和孙剑（2003）运用武汉市农户的实地调研数据构造二元选择模型，探究影响农户对转基因作物的认知水平的因素，结果表明，户主的年龄对转基因作物知识了解程度有显著负向影响，户主年龄越大，观念比较守旧同时不愿接触新技术和新品种；同样，农户家庭人口数与转基因作物的认知程度负相关，如果农户家庭成员数较大，外出务工的比重就会较大，家庭成员中对转基因技术的关注度更低（李维，2010）；农作物种植面积与转基因作物的认知程度显著正相关，因为转基因技术节省了人力投入和物质投入，明显改善农业生产效率，进而提高了家庭经济效益（齐振宏等，2009）。农户的主观感受和风险偏好程度等因素同样影响农户对生物技术知识了解程度（Sall and Norman，2002；Gershon et al.，1985）。

根据农户对转基因作物的认知模型，研究变量包括户主特征变量、家庭特征变量、外部环境变量、信息来源和其他变量，具体变量设置见表4-15。与已有文献不同的是，本书综合考虑转基因作物的健康影响、生态环境影响和伦理道德影响，得到农户对转基因作物风险意识的综合指标，同时还考虑了地区类型、是不是良种补贴县和农户了解转基因作物的信息途径等重要影响因素。

（二）农户对转基因作物认知模型估计与结果分析

采用STATA 14.0构建赫克曼两步法回归模型，Rho = 0.08，明显不为0，在5%的显著性水平下通过检验，Waldχ^2 = 11.07，在5%的显著性水平下显著，表明样本确实存在选择性偏差问题，采用赫克曼两步法回归模型解决这个问题是适合的。

表 4 – 15　　影响农户对转基因作物认知的变量具体含义及赋值

	解释变量	变量含义及赋值
户主特征变量	性别	男 = 0，女 = 1
	年龄	户主的实际年龄
	受教育程度	根据最高教育程度折合而成的教育程度（小学未上或者未毕业 = 3，小学毕业 = 6，初中毕业 = 9，高中毕业 = 12，大专或者大学毕业 = 15，硕士及以上 = 20）
家庭特征变量	种植面积	农作物种植面积
	家庭人均年收入	3000 元及以下 = 1，3001—5000 元 = 2，5001—8000 元 = 3，8001—10000 元 = 4，10001—15000 元 = 5，15001 元及以上 = 6
	兼业比重	0—20% = 1，21%—40% = 2，41%—60% = 3，61%—80% = 4，81%—100% = 5
外部环境变量	是否为国家良种补贴县	不是 = 0，是 = 1
	地区类型	西部 = 1，其他 = 0 中部 = 1，其他 = 0
	是否参与过生物技术培训	没有 = 0，有 = 1
信息来源变量	转基因技术信息获取来源	
	是否来自政府	不是 = 0，是 = 1
	是否来自科学家	不是 = 0，是 = 1
	是否来自生物企业	不是 = 0，是 = 1
	是否村里培训	不是 = 0，是 = 1
	是否亲戚朋友	不是 = 0，是 = 1
其他变量	我国有没有转基因作物种植法律法规	不知道 = 1，没有 = 2，有 = 3
	对政府部门的信任程度	不信任 = 1，视情况而定 = 2，信任 = 3
	对转基因作物的风险意识	综合考虑转基因作物的健康影响、生态环境影响和伦理道德影响（不知道 = 1，弊大于利 = 2，利弊均衡 = 3，利大于弊 = 4）

1. 户主年龄与受教育程度对转基因作物的认知水平有显著作用

表 4 - 16 显示，年龄的影响系数为 - 0.0400，在农户认知模型中明显负显著，呈现农户认知水平与年龄呈显著负相关态势，年龄较大的农户更为保守传统，不愿意接触新鲜事物，对转基因技术的认知水平明显低于年龄小的农户；受教育程度在认知模型中为明显的正效应，表明农户对转基因作物的认知水平与自身受教育程度呈正相关关系，即文化水平越高，农户对转基因作物的认知水平越高；性别在转基因作物的认知模型中没有通过显著性检验。

2. 家庭人均年收入与兼业比重显著影响农户对转基因作物的认知水平

家庭人均年收入对农户认知水平有显著的正向作用，回归系数为0.237，即家庭人均收入越高，农户对转基因作物的认知水平越高，可能的原因是家庭收入提高，社会见识接触面更为广泛，对转基因技术的认知水平也就会相应提高；农户兼业比重的影响系数为 - 0.0980，通过了 10% 的显著性的检验，兼业比重与农户社会认知水平之间有明显的负向作用，原因可能在于兼业比重越大，农户往往外出打工的时间越多，会把大量精力放在外出务工兼业上，在农业生产方面的关注度明显减少，这也就造成了相应农户对转基因作物的认知水平较低；种植面积这个变量在农户认知模型上并不显著，有研究表明，种植面积越大，信息技术成本反而越低，农户对新技术的认知程度更高；同理，小面积农户认知水平较低（Lipton and Michael，1976；徐家鹏和闫振宇，2010），然而，马林等（Marlin et al.，1980）得到了相反的结论。

3. 地理位置差异对农户的认知水平有明显的正作用

相对于落后的西部地区，发达的中东部地区农户信息获取的能力更强或更便捷，对转基因作物的认知程度更高；是否参加过生物技术培训这个变量对农户有显著的正向作用，参加过生物技术培训的农户认知水平显著高于未参加生物技术培训的农户；是不是良种补贴县这个变量并不显著，这与我国并未批准规模种植转基因主粮作物有关。

4. 信息来源变量是影响农户认知水平的重要因素

在政府、科学家、农业企业、村里培训和亲戚朋友 5 个信息来源中，只有是否与亲戚朋友交流这个变量通过了显著性检验，回归系数为 0.2671，可能的原因在于农户消息渠道比较狭窄，亲戚朋友交流成了主要的了解方式和信息来源渠道。

5. 对政府部门的信任程度、立法熟知程度与风险偏好程度对农户的认知水平有明显作用

对我国关于转基因作物种植法律法规的了解程度直接影响农户对转基因作物的认知水平，有显著的正向作用，回归系数为 0.2050；农户对转基因作物的风险意识与农户认知水平成正比，农户的风险意识越高，即是风险规避者，农户的风险意识越低，即是风险喜好者，风险规避者往往对转基因作物潜在的危险更加重视，对转基因作物了解得更为全面；对政府部门的信任程度与农户认知程度呈现明显的正效应，农户比较信任政府，政府应该建立生物技术安全监控系统，科学有效地评估转基因作物的风险，进一步提高农户的认知水平。

表 4-16　　　　　　　农户对转基因作物的认知模型估计结果

解释变量		系数	Z 值
户主特征变量	年龄	-0.0400 ***	-4.96
	受教育程度	0.0855 **	2.24
	家庭人均年收入	0.2370 ***	4.51
家庭特征变量	兼业比重	-0.0980 *	-1.78
	地区类型	0.4590 **	2.42
外部环境变量	是否参与过生物技术培训	0.6940 **	1.93
	是否与邻居朋友交流	0.2671 *	0.38
信息来源	我国有没有转基因作物种植的法律法规	0.2050 **	1.82
其他变量	对政府部门的信任程度	0.0863 *	0.79
	对转基因作物的风险意识	0.0430 *	0.67
常数项	Rho = 0.08	2.17	2.84

注：***、**和*分别表示在1%、5%和10%的显著性水平下显著。

四 农户对转基因作物的种植意愿及影响因素分析

(一) 农户对转基因作物的种植意愿

调查问卷中涉及农户种植意愿的问题是"您家今后有种植转基因作物的意愿吗?",对应的选项包括绝不种植、暂时不想种植、视情况而定、比较愿意种植和非常愿意尝试 5 种。其中,13.7%的被访农户态度很坚决,选择绝不种植转基因作物;23.3%的农户选择暂时不想种植转基因作物;40.0%的农户有较强的转基因作物种植意愿;23.0%的农户采取观望态度(见表 4 - 17)。

表 4 - 17　　　　　被访农户对转基因作物的种植意愿统计

种植意愿	绝不种植	暂时不想种植	视情况而定	比较愿意种植	非常愿意尝试
比例(%)	13.7	23.3	23.0	29.0	11.0

(二) 农户对转基因作物种植意愿的影响因素选择

已有研究表明,农户转基因作物种植意愿受到户主年龄、户主受教育程度、家庭收入、兼业比重的影响(徐家鹏和闫振宇,2010;陆倩和孙剑,2014);农户的风险偏好以及农户对转基因作物的投入认知与销售情况认知会影响其种植意愿(Lapple and Kelley,2013),其中,风险偏好起调节作用(陆倩和孙剑,2014);对政府部门的信任程度也较大程度地影响农户对转基因作物的决策行为及种植意向(马述忠和黄祖辉,2003);同时,消费者[①]对专业可靠的信息来源越信任,自身感知风险越小,则感知收益越大,对待转基因技术应用的态度越积极(张明杨和展进涛,2016);农户对转基因技术的认知会直接影响他们对转基因作物的接受度及种植意愿(陆倩和孙剑,2014);信息来源变量也是影响农户对转基因作物种植决策的关键变量,与村民交流越频繁的农户对转基因技术认知的概率越大,且采纳转基因技术的可能性也越大(储成兵和李平,2013)。

---

① 此处指广义的消费者,包括农户。

本书在已有研究基础上，认为户主自身禀赋特征、家庭特征、风险偏好、信息来源以及其他因素（例如，农户对转基因作物的认知水平、农户对政府部门的信任程度等）对农户转基因作物种植意愿均有影响。

本书以农户转基因作物种植意愿为被解释变量，种植意愿包括绝不种植、暂时不想种植、视情况而定、比较愿意种植和非常愿意尝试5种情况，在此基础上，本书运用有序 Logistic 模型分析信息来源对农户转基因作物种植意愿的影响。

农户对转基因作物种植意愿的影响变量定义及描述统计如表4-18 所示。

表 4 - 18　农户对转基因作物种植意愿的影响变量定义及描述统计

变量		具体含义及赋值	平均值	标准差	预期影响
	种植意愿	绝不种植 =1；暂时不想种植 =2；视情况而定 =3；比较愿意种植 =4；非常愿意尝试 =5	3.00	1.23	—
户主自身禀赋	年龄	户主的年龄	47.72	11.68	正/负
	受教育程度	小学学历及以下 =1；初中学历 =2；高中或中专学历 =3；大专学历及以上 =4	2.23	2.33	正
家庭特征	兼业比重	非农收入（纯收入）占家庭总收入（纯收入）比重：0—20% =1；21%—40% =2；41%—60% =3；61%—80% =4；81%—100% =5	3.24	1.51	正
	家庭常住人口数	家庭常住人口数（人）	4.00	1.33	正
	农作物种植面积	农作物种植面积（亩）	6.73	10.14	正
	居住位置	近郊 =0；远郊 =1	0.37	0.48	负
风险偏好[a]	对转基因作物收益的预期	转基因作物与传统作物相比：预期收益较低 =1；预期收益相当 =2；预期收益较高 =3	2.73	0.50	正
	对环境的态度	转基因作物对生态环境的影响：不太确定 =1；弊大于利 =2；利弊均衡 =3；利大于弊 =4	2.58	1.16	正
	对转基因作物安全的感知	不太确定 =1；弊大于利 =2；利弊均衡 =3；利大于弊 =4	2.85	1.27	正

续表

变量		具体含义及赋值	平均值	标准差	预期影响
信息来源	生物技术培训	是否参加过生物技术方面的培训：是 = 1；否 = 0	0.05	0.22	正
	通过媒介获取转基因作物信息的频率	从不 = 1；偶尔 = 2；经常 = 3	2.96	0.81	正
	与相邻农户讨论的频率	从不 = 1；偶尔 = 2；经常 = 3	2.03	1.06	正
	政府宣传	获取的转基因作物信息是否来自政府宣传：是 = 1；否 = 0	0.08	0.27	正/负
	科学家科普	获取的转基因作物信息是否来自科学家科普：是 = 1；否 = 0	0.03	0.17	正/负
	销售商推销	获取的转基因作物信息是否来自销售商推销：是 = 1；否 = 0	0.38	0.49	正/负
	村里转基因技术宣传	获取的转基因作物信息是否来自村里转基因技术宣传：是 = 1；否 = 0	0.10	0.30	正/负
	信息来源于相邻农户交流	获取的转基因作物信息是否来自相邻农户交流：是 = 1；否 = 0	0.05	0.21	正/负
其他因素	对政府部门的信任程度	对政府和相关立法的信任程度：不信任 = 1；视情况而定 = 2；信任 = 3	2.42	1.33	正
	对转基因作物的认知水平	综合应用转基因食品听说程度、转基因产品认知数量、转基因作物优势及潜在风险认知、生物知识了解程度 4 项指标来衡量[b]	4.57	1.02	正

注：a 指的是农户转基因作物的风险偏好态度。b 本书运用主成分分析法得到对转基因作物的认知水平得分。这 4 项指标及其具体赋值分别为：①转基因食品听说程度：从未听说 = 1，偶尔听说 = 2，经常听说 = 3；②转基因产品认知数量：不清楚 = 1，知道 2 种以下 = 2，知道 4 种以下且 2 种以上 = 3，知道 5 种以上 = 4；③转基因作物优势及潜在风险认知：不清楚 = 1，没有优点或潜在风险 = 2，知道 3 种以下优点或者潜在风险 = 3，知道 4 种以上优点或者潜在风险 = 4；④生物知识了解程度：调查问卷中 5 道生物知识判断题参考了新泽西州立大学食品政策研究所（参见霍尔曼等，2004）调查问卷中的部分内容，全部都不对 = 0，答对 1 道题 = 1，答对 2 道题 = 2，答对 3 道题 = 3，答对 4 道题 = 4，全部答对 = 5。KMO 值为 0.7，说明采用主成分分析是适合的。然后根据特征值大于 1 的原则，抽取到 1 个主成分因子，即农户转基因作物的认知水平，再根据主成分分析法计算出主成分得分。由于篇幅原因不在此详述。

（三）农户对转基因作物种植意愿的模型结果分析

本部分首先运用 STATA14.0 软件对模型进行了平行性检验，结果显示，p > 0.05，接受原假设，即表明斜率在不同类别（农户转基因作物的 5 种种植意愿选择）中均相同。这说明，本书选取有序 Logistic 模型是合理的。

接下来，本书分析农户转基因作物种植意愿的影响因素。表 4 - 19 中的估计结果表明：受教育程度、家庭常住人口数、农作物种植面积、对转基因作物收益的预期、对环境的态度、对转基因作物安全的感知、对政府部门的信任程度、通过媒介获取转基因作物信息的频率、与相邻农户讨论的频率和信息来源于相邻农户交流均通过了显著性检验。[①] 在此重点关注信息来源变量。其中，通过媒介获取转基因

表 4 - 19　　　　农户转基因作物种植意愿影响因素的模型结果

变量	系数	标准误	Wald 值
受教育程度	0.101 *	0.053	3.537
家庭常住人口数	0.181 **	0.083	4.807
农作物种植面积	0.037 ***	0.012	9.150
对转基因作物收益的预期	0.602 ***	0.175	11.859
对环境的态度	0.311 ***	0.117	7.103
对转基因作物安全的感知	0.260 **	0.108	5.774
对政府部门的信任程度	0.665 ***	0.157	17.966
通过媒介获取转基因作物信息的频率	- 0.342 *	0.179	3.648
与相邻农户讨论的频率	0.314 ***	0.119	7.009
信息来源于相邻农户交流	0.055 **	0.525	0.011
样本数	302		
Prob > χ^2	0.0089		

注：表中只展示了通过显著性检验的解释变量；***、** 和 * 分别表示在 1%、5% 和 10% 的显著性水平下显著。

---

① 本部分重点关注信息来源对农户转基因作物种植意愿的影响，其他对农户种植意愿有显著影响变量的影响效果仅在本部分简单介绍。

作物信息的频率对农户转基因作物种植意愿有显著的负向作用。可能的原因是：自2012年"黄金大米"事件以后，媒体的负面报道影响了公众（包括消费者和农户）对待转基因技术的态度（张熠婧等，2015）。与相邻农户讨论的频率和信息来源于相邻农户交流对农户转基因作物种植意愿有显著的正向影响。这可能是由于农户对相邻农户越信任，对待转基因技术的态度就越积极。这意味着，相邻农户交流显著影响农户的种植意愿。

为了进一步验证农户对转基因作物种植意愿的影响因素的模型估计结果，通过改变被解释变量的设置对结果进行稳健性检验。将被解释变量设置成二元虚拟变量，采用二元 Logit 模型估计农户对转基因作物种植意愿的影响因素。在模型设置中，将绝不种植和暂时不想种植设定为0，将视情况而定、比较愿意种植和非常愿意尝试设定为1，模型估计结果与表4-19相似。

（四）农户对转基因作物种植意愿空间依赖性的检验

1. 空间依赖性检验的理论基础

空间依赖性是指同一个群体中个人行为往往会影响该群体中其他人的决策行为（Manski，1993）。比较常见的空间计量模型有空间滞后模型、空间误差模型和空间杜宾模型（SDM），其中，空间杜宾模型不仅考虑了被解释变量的空间相关性，也同时考虑了解释变量的空间相关性。本书运用空间杜宾模型来检验农户转基因作物种植意愿是否存在空间依赖性，即相邻农户是否表现出类似的决策行为，也就是说，被解释变量除了受到自身的影响，是否还会受到相邻农户的自变量的影响。莱圣吉和帕斯（Le Sage and Pace，2009）提出了 SDM 的基本形式，并指出，SDM 是检验空间依赖性的有效方法。SDM 的表达式如下：

$$y^* = \rho W^* + X\beta + WX\theta + \varepsilon \tag{4-6}$$

式中，y^* 表示农户转基因作物种植意愿；W 为 $n \times n$ 阶的空间权重矩阵；θ、β 为待估系数；ρ 为标量；X 为 $n \times k$ 阶的解释变量；ε 表示残差项，$\varepsilon \sim N(0, I_n)$，$I_n$ 为 n 维单位矩阵。

解释变量对被解释变量的影响可以分成直接效应和间接效应两

种，两者之和等于总效应。将式（4-6）进行移项计算得到：

$$(I_n - \rho W) y^* = X\beta + WX\theta + \varepsilon \qquad (4-7)$$

又令：

$$s(\rho) = (I_n - \rho W)^{-1} \qquad (4-8)$$

式中，s（ ）表示关于 ρ 的函数。

将式（4-8）代入式（4-7），并整理得：

$$y^* = s(\rho)(X\beta + WX\theta + \varepsilon) \qquad (4-9)$$

对式（4-9）微分，得到：

$$\frac{\partial y^*}{\partial x'_i} = s(\rho)(I_n\beta + W\theta) \qquad (4-10)$$

式（4-10）表示某一个具体的解释变量对农户 i 转基因作物种植意愿的影响，即直接效应。再令：

$$\eta = s(\rho)X(I_n\beta + W\theta) \qquad (4-11)$$

$$P_r = F(\eta) \qquad (4-12)$$

式（4-12）对 X_k（k 表示相邻农户）求偏导，得：

$$\frac{\partial P_r}{\partial X_k} = \left(\frac{\partial F(\eta)}{\partial \eta}\Big| \eta_i\right) s(\rho)(\beta + W\theta) = pdf(\eta_i)s(\rho)(\beta + W\theta) \qquad (4-13)$$

式（4-13）表示间接效应，即空间依赖性（Le Sage and Pace, 2011），在本书中的含义为相邻农户之间的信息交流对农户种植意愿的影响。

2. 农户对转基因作物种植意愿空间依赖性的实证研究

为了进一步检验与相邻农户交流对农户转基因作物种植意愿的具体影响，本书运用 SDM 检验相邻农户转基因作物种植意愿的空间依赖性。一般认为，一个地区空间单元上的某种经济地理现象与邻近地区空间单元上的同一现象是相关的。为了检验这种空间依赖性，本书使用莫兰指数（Moran's I）检验方法。莫兰指数值介于 -1—1。莫兰指数值为 0，表示农户转基因作物种植意愿没有空间依赖性；莫兰指数值大于 0，表示农户转基因作物种植意愿有正的空间依赖性，意味着农户的相似行为集聚在一起；莫兰指数值小于 0，表示农户转基因作物种植意愿有负的空间依赖性，意味着农户的相异行为集聚在一起。表4-20为莫兰指数检验结果，p值为0.026，说明检验结果显著，且莫兰指数值为0.027。这表明，中国农户对转基因作物的种植意愿具有正的空间依赖性。

表4-20　　　农户转基因作物种植意愿的莫兰指数检验结果

种植意愿	莫兰指数值	期望值	标准差	z值	p值
	0.027	-0.003	0.016	1.94	0.026

本书运用MATLAB（R2014b）软件，采用邻接关系创建空间权重矩阵，并对空间权重矩阵进行标准化处理。由以上分析可知，农户转基因作物种植意愿的影响因素具体分为户主自身禀赋特征、家庭特征、风险偏好、信息来源和其他因素，本书在此基础上[①]运用空间杜宾模型（SDM）对农户转基因作物种植意愿的空间依赖性进行检验。运用STATA14.0软件得到空间杜宾模型估计结果，如表4-21所示。其中，Wy^*的系数p在1%的显著性水平下显著，户主受教育程度、家庭常住人口数、农作物种植面积、对转基因作物收益的预期、对环境的态度、对转基因作物安全的感知、通过媒介获取转基因作物信息的频率、与相邻农户讨论的频率和对政府部门的信任程度均对农户转基因作物种植意愿有显著的影响。

表4-21　　　农户转基因作物种植意愿的空间杜宾模型估计结果

变量	系数	标准误	z值
年龄	0.006	0.007	0.92
受教育程度	0.063**	0.030	2.10
兼业比重	0.041	0.044	0.92
家庭常住人口数	0.106**	0.047	2.27

---

① 由上文研究可知，在5条信息渠道中仅有相邻农户交流这个渠道通过了显著性水平检验，此部分重点研究相邻农户交流对农户转基因作物种植意愿的空间依赖性，以与相邻农户讨论的频率作为主要解释变量。

续表

变量	系数	标准误	z 值
农作物种植面积	0.017 ***	0.006	2.70
居住位置	0.139	0.289	0.48
对转基因作物收益的预期	0.371 ***	0.098	3.80
对环境的态度	0.159 **	0.065	2.43
对转基因作物安全的感知	0.135 **	0.060	2.25
生物技术培训	0.244	0.276	0.88
通过媒介获取转基因作物信息的频率	- 0.209 **	0.982	- 2.14
与相邻农户讨论的频率	0.275 ***	0.065	3.05
对政府部门的信任程度	0.298 ***	0.086	3.45
对转基因作物的认知水平	0.036	0.063	0.58
p	0.534 ***		

注：**、***分别表示在5%、1%的显著性水平下显著。

由此可见，表4-21中的回归系数不能反映解释变量对被解释变量的作用效果。为进一步研究这一问题，本书在模型估计结果的基础上测算了各解释变量对农户转基因作物种植意愿的直接效应、间接效应和总效应，具体结果如表4-22所示。

表4-22　　解释变量对农户转基因作物种植意愿的影响效应

变量	总效应	直接效应	间接效应
年龄	0.0059	0.0071	- 0.0012
受教育程度	0.0628	0.0504	0.0124
兼业比重	0.0408	0.0488	- 0.0080
家庭常住人口数	0.1057	0.0849	0.0208
农作物种植面积	0.0165	0.0198	- 0.0033
居住位置	0.1395	0.1120	0.0275
对转基因作物收益的预期	0.3707	0.4438	- 0.0730
对环境的态度	0.1587	0.1899	- 0.0313
对转基因作物安全的感知	0.1344	0.1608	- 0.0265

续表

变量	总效应	直接效应	间接效应
生物技术培训	0.2446	0.1964	0.0482
通过媒介获取转基因作物信息的频率	-0.2096	-0.2509	0.0413
与相邻农户讨论的频率	0.2746	0.2358	0.0388
对政府部门的信任程度	0.2980	0.3566	-0.0587
对转基因作物的认知水平	0.0361	0.0432	-0.0071

3. 估计结果分析

（1）户主自身禀赋特征对农户转基因作物种植意愿的影响。户主受教育程度对农户转基因作物种植意愿有显著的正向影响，总效应为0.0628。户主受教育程度越高，对转基因作物高产和减少农药使用量等优点越了解，采用转基因技术的意愿也就越高。

（2）家庭特征对农户转基因作物种植意愿的影响。家庭常住人口数对农户转基因作物种植意愿具有显著的正向影响，总效应为0.1057。家庭常住人口越多，农户转基因作物种植意愿也就越高。农作物种植面积通过了1%的显著性水平检验，对农户转基因作物种植意愿有显著的正向影响，其总效应为0.0165。即种植面积越大，投入的生产成本和人力资本越高，农户越倾向于采用新技术来提高生产效率，因而其转基因作物种植意愿便会越高。

（3）风险偏好对农户转基因作物种植意愿的影响。在表征风险偏好的3个变量中，对转基因作物收益的预期、对环境的态度和对转基因作物安全的感知均通过了显著性水平检验，且影响方向均为正向影响。其中，对转基因作物收益的预期对农户转基因作物种植意愿影响的总效应为0.3707。这表明，农户对转基因作物收益的预期越高，其种植意愿越大，这符合生产者效用最大化理论。环保意识较高的农户对转基因作物的种植意愿有明显的倾向性。相对于传统种植方式，采用具有抗除草剂或抗虫功能的转基因作物能够减少资源浪费，减少农药中的磷污染，保护环境。对转基因作物评价是"利大于弊"的农户，认为转基因作物的优势大于潜在风险，其种植意愿较高。

（4）信息来源对农户转基因作物种植意愿的影响。通过媒介获取转基因作物信息的频率和与相邻农户讨论的频率均通过了显著性水平检验。其中，通过媒介获取转基因作物信息的频率对农户转基因作物种植意愿有负向作用，直接效应为 - 0.2509，但对相邻农户转基因作物种植意愿的间接效应为 0.0413，这样，其总效应为 - 0.2096。与相邻农户讨论的频率则有显著的正向作用，对农户转基因作物种植意愿的直接效应为 0.2358，对相邻农户的影响即间接效应为 0.0388。这个间接效应表明，相邻农户之间的信息交流会影响农户自身的种植意愿。相邻农户之间的信息交流导致农户转基因作物种植意愿呈现空间依赖性，相邻农户往往会表现出相似的种植决策。

（5）其他因素对农户转基因作物种植意愿的影响。农户对政府部门的信任程度对农户转基因作物种植意愿有显著的正向影响，这与张明杨和展进涛（2016）的研究结果相一致。但是，农户对转基因作物的认知水平对其转基因作物种植意愿并没有显著影响。

第三节　生物企业对农业转基因技术应用的认知水平

此次调研北京、武汉和兰州 3 个城市共发放 60 份生物企业问卷，回收有效问卷 58 份，问卷有效率 96.7%。29.3% 的企业管理层的学历是以硕士及以上为主，55.7% 的企业主营业务与转基因技术有一点关系，5.2% 与转基因技术有紧密联系。在被问及是否听说过转基因技术及转基因产品时，57 家生物制药企业均表示听说过，在对转基因技术的总体评价上，超过一半的企业认为，转基因技术利大于弊，并且 52 家企业都认为，生产转基因技术的产品能给企业带来较大的利润，同时也认为，提高消费者对新产品的认知程度能够给企业生产销售新产品带来利润，并在企业决策中增加了在新技术和新产品方面的投资量。

此次调研北京、武汉和兰州 3 个城市生物企业对农业转基因技术的认知水平如表 4-23 所示。

表 4-23　　　　　　　生物企业对农业转基因技术的认知水平

	企业个数	比重（%）		企业个数	比重（%）
公司性质			在新产品的投资量上		
国有	13	22.4	较少	7	12.1
民营	38	65.5	较多	40	69.0
中外合资	4	6.9	与其他产品持平	11	18.9
外商独资	3	5.2	认可转基因技术能增强企业利润		
管理人员构成			确定能	52	89.7
以高中学历为主	0	0.0	不确定	6	10.3
以大专或本科为主	41	70.7	对转基因技术的总体评价		
以研究生学历为主	17	29.3	利大于弊	35	60.3
涉及业务与转基因技术的相关度			弊大于利	20	34.5
毫无关系	23	39.7	利弊均衡	3	5.2
有一点关系	32	55.2	是否知道管理转基因农产品的政策法规		
紧密联系	3	5.1	知道	23	39.7
			不知道	35	60.3

注：笔者根据调研问卷内容整理而得。

22 家生物技术企业听说过转基因生物安全管理的相关规定，但是，仅有 4 家企业能够准确地说出我国目前实施的政策法规，如《农业转基因生物安全管理条件》《农业转基因生物安全评价管理办法》《农业转基因生物标识管理办法》等。虽然生物制药企业对转基因技术听说程度有所提高，但是，对具体的政策法规却不甚了解。

企业经营的目标就是利润最大化，企业将来是否从事转基因技术业务方面的考虑不仅在于从事转基因产品的研发或经营活动是否能够带来利润，涉及转基因产品的生产成本和交易成本要素，更要考虑到消费者对转基因产品的接受程度，如果消费者愿意接受转基因产品，同时从事转基因技术的业务能够带来利润，这样，企业便会有较大的进入市场的动机；反之，如果消费者不认可转基因食品，从事转基因技术的企业便会失去市场，转基因技术的主营业务也会慢慢淡出该企业的生产经营活动。

企业进入转基因技术行业需要完善的市场准入原则，进入行业的标准和市场制度需要政府健全相关立法（娄少华，2009）。同时，企业对转基因产品的生产、加工和销售同样需要完善的政策保障，并要对转基因产品的生产、运输、销售的全过程进行全程监控并严格监管。

第四节　科研机构对农业转基因
技术应用的认知水平

关于科研机构对转基因技术应用认知的调查，课题组对生物技术应用科研机构和研究者展开调研，包括中国农业大学生物学院、食品学院和经济管理学院，华中农业大学经济管理学院，甘肃农业大学生命科学技术学院以及中国农业科学院生物技术研究所、植保协会等从事生物技术研究的专家，发放40份问卷，回收38份有效调查问卷，问卷有效率95%（见表4-24）。

表4-24　　　　　　　科研机构的生物知识测试结果

答对题数	2	3	4	5
频数	5	11	17	5
比重（%）	13.2	28.9	44.7	13.2

注：5道生物知识测试与前面提到的生物知识内容一致。

由表4-24结果可知，38位科研机构研究者对生物知识的认知了解程度较高，答对两道题以上，答对3道以上生物知识测试题的概率高达 86.8%，全部答对的科研机构研究人员占 13.2%，科研机构对转基因技术的认知水平明显高于普通公众，这可能与研究人员的知识层次和学历有很大的关系。

被访科研机构研究人员全部听说过转基因产品，而且熟悉转基因技术潜在的优势和风险。科研机构研究人员对转基因产品的态度较为积极，60.5% 的科研机构研究人员认为转基因产品利大于弊，34.2% 的研究人员则持相反态度；在转基因产品对人类健康、生态环境以及伦理道德的影响方面，持"利大于弊"观点的科研机构研究人员占大多数；尤其值得注意的是，在转基因产品对伦理道德的潜在影响方面，持"利弊均衡"态度的科研机构研究人员约占 1/3（见表 4-25）。

表 4-25　　科研机构研究人员对转基因产品的风险认知水平

风险认知	弊大于利（%）	利弊均衡（%）	利大于弊（%）
转基因产品对人类健康的影响	39.5	2.6	57.9
转基因产品对生态环境的影响	31.6	7.9	60.5
转基因产品对伦理道德的影响	31.6	28.9	39.5
对转基因产品的总体态度	34.2	5.3	60.5

注：笔者根据调研问卷内容整理而得。

但是，对于转基因技术的政策法规，31.6% 的科研机构研究人员基本了解当前我国关于转基因技术或产品的政策法规，仅 10.5% 的科研机构研究人员比较熟悉转基因产品的规制制度，对具体的条款内容缺乏了解。

第五节　政府部门对农业转基因技术应用的认知水平

关于政府部门对转基因技术的认知调查，课题组共发放政府工作人员问卷 20 份，回收有效问卷 20 份。在被访的 20 位政府工作人员中，15 位人员所在岗位与转基因技术毫不相关。被访者均听说过转基因食品，并知道我国目前已批准商业化种植的转基因作物种类，同时了解转基因技术的优势和潜在风险，但是，对于转基因技术规制的政策法规方面，仅有 4 位被访者表示对我国当前的转基因技术方面的政策法规基本清楚，其余均表示不太清楚，甚至有 4 位被访者表示完全不清楚；与转基因技术业务工作有一点相关的被访者中，仅有 1 位工作人员比较清楚我国关于转基因技术安全应用的相关法规（见表 4-26）；在与转基因技术紧密相关的被访者中，也仅是基本清楚当前的政策法规，谈不上比较清楚或者是完全了解的程度，这表明被访的政府工作人员对当前我国转基因技术规制的法规并不是很熟悉，认知程度还比较低。

表 4-26　被访者职业与农业转基因技术政策法规熟悉度的交互关系

职业是否与转基因技术有关	完全不清楚	不太清楚	基本清楚	比较清楚	完全了解	总计
与转基因技术毫不相关	4	7	4	0	0	15
与转基因技术有一点相关	0	3	1	0	0	4
与转基因技术紧密相关	0	0	1	0	0	1

政府部门是转基因产品认知过程中的一个重要主体，政府对转基因技术的宣传和引导可以促进公众对转基因产品的认知程度和接受程度，提升消费者、农户、企业和科研机构对转基因产品的全面认知，积极促进生物技术的发展。

第六节　利益相关主体对农业转基因技术及应用态度分类

在前文研究中，我们认识到信息传播渠道是影响各利益相关主体对转基因技术及产品态度的关键因素。盖斯福德（2003）指出，新技术信息主要来自各利益相关主体和第三方机构，当转基因技术信息来源于生物技术企业时，消费者对转基因食品的购买意愿明显增强；当信息来源于环境组织时，环境组织传播的负面信息显著降低消费者的需求意愿；当信息是独立的第三方机构时，发布的信息对负面信息带来的外部性起到一定的缓冲作用。

考虑到非政府组织（NGO）的信息对消费者转基因食品态度的影响，本书对非政府组织工作人员展开调研（调研红十字会、基金会、志愿者协会、环境保护组织等非政府组织对转基因技术及产品的态度，共发放60份问卷，回收54份有效问卷，问卷有效率为90.0%），把非政府组织对转基因技术及产品的认知和态度作为辅助，重点对消费者、生物企业、科研机构和政府部门等利益相关主体对农业转基因技术及食品的态度进行分类。

本部分在消费者、企业、科研机构、政府部门和非政府组织的被访群体中采用随机抽样的方式，抽取消费者（C）、生物企业负责人（E）、科研机构研究人员（R）、政府工作人员（G）和非政府组织工作人员（N）各7名[1]，根据各群体对农业转基因技术的认知和态度对其进行分类，探究各利益相关者认知及态度对转基因技术应用社会规制的影响。根据国内外关于转基因技术利益相关者态度分类的研究（Philipp and Thomas，2006），表4-27为主要判别指标和具体含义。

其中，科研机构和企业对转基因技术及产品的接受度最高，平均得分分别为3.75分和3.67分，消费者群体和非政府组织对转基因技术及应用的接受度较低，大多数非政府组织不能接受转基因产品，其接受度得分仅为科研机构的一半；在对转基因技术潜在收益方面，企业、政府部门和科研机构对转基因技术的潜在收益认知水平较高；在对政府部门的信任程度方面，科研机构对政府部门的信任程度最高，对非政府组织的信任程度最低（见图4-5）。

---

① 样本选取方式参照（Philipp Aerni and Thomas Bernauer，2006）。

表 4 - 27　　　　　　利益相关者转基因技术及应用态度分类准则

指标	具体含义	赋值
attitude	对转基因产品的态度	完全不能接受 = 1，不能接受 = 2，按情况而定 = 3，可以接受 = 4，完全可以接受 = 5
benefit	对转基因技术优势的认知	
risk	对人类健康的潜在风险影响	不太确定 = 1；弊大于利 = 2；利弊均衡 = 3；利大于弊 = 4
	对生态环境的潜在风险影响	不太确定 = 1；弊大于利 = 2；利弊均衡 = 3；利大于弊 = 4
	对伦理道德的潜在风险影响	不太确定 = 1；弊大于利 = 2；利弊均衡 = 3；利大于弊 = 4
trust	对政府部门的信任程度	不信任 = 1；视情况而定 = 2；信任 = 3
perceptions	对转基因技术及应用的认知水平	

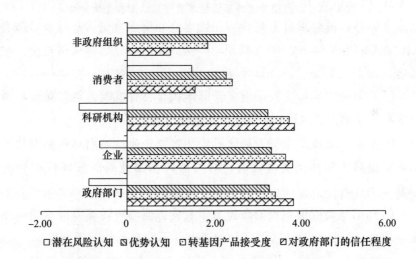

图 4 - 5　各利益相关主体对农业转基因技术及应用的认知水平及接受程度

　　根据表 4 - 27 中的指标，运用聚类分析 Biplot 可得到不同利益相关者对农业转基因技术和产品认知及态度分类（见图 4 - 6）。具体来说，可以分为以下三类：

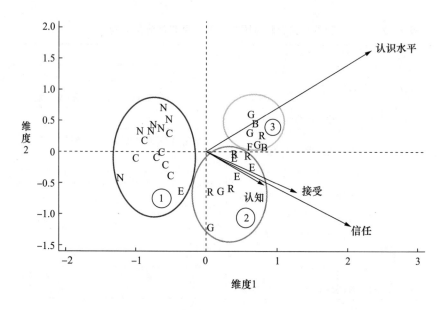

图 4 - 6　利益相关者转基因技术及产品认知和态度分类

注：图中，C 表示消费者，E 表示生物企业负责人，R 表示科研机构研发人员，G 表示政府工作人员，N 表示非政府组织人员。

（1）第一类成员主要是消费者群体和非政府组织，他们对转基因技术和产品的潜在风险表示担忧，持消极态度。

（2）第二类成员主要为科研机构和生物企业，他们对转基因技术的潜在收益认知和接受度较高，对当前转基因技术的发展持积极的态度。

（3）第三类成员主要为政府工作人员，他们对转基因技术的认知水平较高，但是，对转基因产品的态度并不明显，持观望态度。

总的来说，对转基因技术和产品持支持态度的为科研机构和企业，态度最为消极的为非政府组织。政府部门的消极参与加上媒体的舆论宣传，使公众对转基因技术在人类健康、生态环境和伦理道德方面存在顾虑。

本章小结

本章分别以消费者、生产者、企业、科研机构和政府部门五种主体作为调研对象，综合考虑是转基因食品听说程度、转基因产品认知数量、转基因作物优势及潜在风险认知和生物知识了解程度 4 项指标，计算认知水平得分，并剖析各主体对转基因技术和产品的认知行为及态度，并探究影响其认知行为及态度的关键因素，得到以下结论：

第一，消费者对转基因产品的平均认知得分为 5.24 分，认知水平较高，且城市消费者的认知水平普遍高于农村消费者。42.3% 的被访者表示不能接受转基因食品，34.3% 的消费者表示可以接受转基因食品，剩余 23.3% 的消费者表示并不确定，且消费者的风险认知、收益认知和消费者对政府部门的信任程度、消费者对转基因食品听说程度、消费者获取转基因技术及产品信息的渠道和消费者自身禀赋特征均对转基因食品态度有显著影响。

第二，农户对转基因作物认知水平的平均得分为 4.57 分，最低得分为 1.04 分，最高得分为 7.63 分，其中，13.7% 的农户态度比较坚决，选择绝不种植转基因作物；23.3% 的农户选择暂时不想种植转基因作物；40.0% 的农户有较强的转基因作物种植意愿；23.0% 的农户采取观望态度。户主受教育程度、家庭常住人口数、农作物种植面积、对转基因作物收益的预期、对环境的态度、对转基因作物安全的感知、对政府部门的信任程度、通过媒介获取转基因作物信息的频率、与相邻农户讨论的频率和信息来源于相邻农户交流均对农户对转基因作物的种植意愿有显著影响，且农户的种植决策行为呈现空间依赖性。

第三，22 家企业听说过我国转基因产品管理的政策法规，但是，仅有 4 家能够准确地说出我国目前实施的政策法规。52 家企业都认为，生产转基因技术的产品能给企业带来较大的利润，进一步认为，提高消费者对新产品的认知程度能够给企业生产销售新产品带来利润。

第四，被访问的科研机构研究人员全部听说过转基因产品，而且熟悉转基因技术潜在的优势和风险。科研机构研究人员对转基因产品的态度较为积极，60.5%的研究人员认为，转基因产品利大于弊，34.2%的科研机构研究人员则持相反态度，但对转基因技术监管的政策法规并不了解。

第五，被访问的政府工作人员全部听说过转基因技术及转基因食品，熟悉中国当前允许大面积推广种植的转基因作物，但对当前我国转基因技术规制的法规并不是很熟悉，认知程度还比较低。

第六，政府部门是转基因产品认知过程中的一个重要主体，政府部门对转基因技术的宣传和引导可以促进公众对转基因产品的认知程度和接受程度，提升消费者、农户、企业和科研机构对转基因产品的全面认知，积极促进生物技术产业的健康发展。

第七，根据各利益相关主体对转基因产品的态度可以分为三类：第一类成员主要是消费者群体，他们对转基因技术和产品有所顾虑，持消极态度；第二类成员主要为科研机构和企业，他们对转基因技术的潜在收益认知和接受度较高，对当前转基因技术的发展持积极的态度；第三类成员主要为政府工作人员，他们对转基因产品的态度并不明显，持观望态度。

第五章　农业转基因技术社会规制中
利益相关主体的博弈分析

规制者、被规制者和规制受益者之间的利益协调是农业转基因技术应用社会规制的关键。为了更好地完善我国农业转基因技术应用社会规制的框架体系，必须从政府对被规制者的监管行为、科研机构的研发行为、企业对食品的供给行为以及消费者的购买行为出发，进一步更好地规范约束转基因技术社会规制中涉及的利益相关主体的行为。本章分别从同类行动者内部和不同行动者之间两种情形对主要利益相关主体进行利益协调行为分析，解析各个利益相关主体之间的利益协调行为；尝试性地将消费者关注引入，构建政府部门、食品企业和消费者三方动态博弈模型，测度不同程度的消费者关注对社会福利的影响，进而探寻农业转基因技术社会规制的模式。

第一节　社会规制博弈过程中的行为主体分类

信息不对称存在于食品供应链整个过程（邓淑芳，2005）。在农业转基因技术社会规制博弈中，存在规制者、生产者、消费者、科研机构等主体。各行为主体之间的利益协调是政府规制的重要权衡点（张维迎，2012）。

一　生产者之间的博弈关系

生产者（包括农户、食品企业）和经营者（包括批发商和零售商），如果某些食品企业在利益驱使下生产了不合格的产品，且在违规行为过程中并没有受到政府监管部门的督查，获得了超额利润。在这种情况下，其他生产者也会效仿这些违规企业的行为，最终只能导致整个食品行业的质量安全问题堪忧。在转基因食品市场上，一些企业为了逃避由于转基因食品强制性标志而产生的成本，采用掩盖转基因食品品质的方法，并不进行标志，含有转基因成分的产品品质被掩盖起来，就很容易出现"搭便车"现象。

二 生产者与消费者之间的博弈关系

一般来说，商品可被区分为搜寻产品（消费者可以自主检查产品质量）、经验产品（购买使用后才能鉴别其质量）和信任产品（在商品使用后识别其质量也非常困难），在转基因食品市场中存在着严重的信息不对称，转基因食品属于信任产品，消费者的选择只能基于对产品和品牌的信任。消费者在信息获取和信息识别方面处于弱势地位，他们掌握的食品信息明显少于食品企业，只能通过食品商标和包装信息来了解相关食品的信息，很难主动预防或者识别食品的潜在风险和安全性问题；反过来，食品企业可能会利用信息获取的优势来欺骗消费者。

三 政府监管部门与科研机构（或者生产者）之间的博弈关系

在新品种或新技术投入市场进行商业化生产之前，需要经过大量的实验测验和田间试验，如果科研机构没有经过此过程就提前将新产品投入市场，将很可能对消费者的健康造成潜在危害。如果政府监管部门严格监管，科研机构（或者生产者）的违规行为能够及时被发现，并且处罚力度大于预期收益，科研机构和生产者将会按规定进行安全研发和生产。

第二节 不同行为主体之间的
利益协调关系分析

本部分分同类行动者内部和不同行动者之间两种情形对主要利益相关主体进行利益协调行为分析，主要包括生产者和消费者之间的博弈、政府监管部门和生产者之间的博弈以及各利益相关者之间的双方博弈等方面。

一　政府监管部门与生产者（或者科研机构）之间的博弈

食品企业追求的是自身利益最大化，策略空间为守法和违法。监管者也会考虑到监管的成本问题，本着实现利益最大化的原则，策略空间包括规制和不规制。当食品企业合规生产时，无论政府部门是否监管，食品企业也会获得正常利润，如果不按规生产提供安全的食品，政府监管部门会对违规企业按规进行惩罚，这样，企业便会失去其超额利润，同时政府监管部门也会负担一些监管成本。

李然（2010）指出，"逆选择"的存在让市场无法自动出清，需要借政府这只"看得见的手"加以矫正。本书运用完全信息静态博弈模型（见表 5 – 1）来解析规制的政府监管部门与生产者之间的利益协调行为：

表 5 – 1　　　　　　　　　政府监管部门与生产者之间的博弈矩阵

生产者	政府监管部门	
	规制	不规制
合规生产	$R - C_2$，$- C_1$	$R - C_2$，0
违规生产	$- C_3$，$C_3 - C_1$	0，$- C_4 - C_3$

（1）政府监管部门按照相关的食品安全管理法规对供应商的规制成本为 C_1，实施监管的概率为 P_1；

（2）如果食品生产者主动积极配合政府的规制，生产符合标准的食品，为此付出成本 C_2，预期收益为 R，其概率为 P_2；

（3）如果生产者无视法律，只追逐超额利润，在利益的驱使下生产了不合格的产品，且在违规行为过程中受到政府监管部门的督查，该生产者再被监管的过程中损失的成本为 C_3；

（4）如果国家的转基因食品社会规制缺失或者不足，食品安全是因为缺乏行之有效的规制而出现问题，且食品生产者的食品安全意识淡薄，在政府监管部门和食品生产者的合力不作为的情况下，社会成本为 C_4。与此同时，消费者会因为国家规制缺失而降低信息，这样政府的声望信任损失为 C_5。

根据表 5-1，解得混合策略纳什均衡解为：

$$P_1^* = \frac{C_2 - R}{C_3}$$

$$P_2^* = 1 - \frac{C_1}{C_3 + C_4 + C_5}$$

$$P_2^* = 1 - \frac{P_1^* C_1}{(C_2 - R + C_4 P_1^* + C_5 P_1^*)^2} \qquad (5-1)$$

在模型均衡时存在两个纳什均衡解，由表 5-1 可以看出，政府部门的监管成本与社会成本和政府声望信任损失均呈现显著的负影响，当政府监管部门不作为时，监管成本就低，这样，公众对政府部门的信任程度越低，公众信心就越难树立。所以，此时存在两个纳什均衡解，政府监管部门监管越严格，生产者就越合规生产；同时，政府监管部门越松懈，生产者就越违规生产。政府监管部门与食品生产者之间的完全信息静态博弈同样适用于政府监管部门与科研机构之间的博弈。

二 生产者与消费者之间的博弈

消费者只能基于对产品和品牌的信任而对转基因食品进行选择，消费者在信息获取和信息识别方面处于弱势地位，他们掌握的食品信息明显少于食品生产者，只能通过食品商标和包装信息来了解相关食品的信息，信息不对称存在于整个食品供应链中，食品生产者用标签来表明自己产品的信息，但是不一定代表食品的真实类型，食品的农药含量和营养成分等安全信息在消费者购买之前和购买之后都不能识别的，所以，生产者的收益和消费者的效用都取决于食品的真实类型和消费者的购买决策。

生产者提供食品，作为信号发送者，消费者为信号接收者，生产者的类型为 $F = \{f_1, f_2\}$，先验概率为 $p(f_1)$ 和 $p(f_2)$，其中，$p(f_1) + p(f_2) = 1$，消费者接收到生产者发出的信号后，选择行为集合 $A = \{a_1, a_2\}$，分别表示购买和不购买，生产者的预期收益和消费者的效用分别为 U_s 和 U_R，生产者指定的商品价格为 P，单位生产成本为 c，此部分便是食品行业中普遍存在的准分离完美贝叶斯协调过程（Xiao et al.，2011）。在这个模型中，生产者的真实类型和声称的类型会出现不一致性，会以一定的概率掩盖产品品质。食品生产者的供给存在两种情况：①生产者提供的产品与产品标志的信息一致，均是 f_1；②当生产者真实提供的产品类型为 f_2 时，产品标志的信息与真实产品一致的概率为 p，不一致的概率为 $1-p$，根据生产者的策略，消费者的判断为：

$$R(f_2|f_1) = \frac{R(f_2)R(f_1|f_2)}{R(f_2)R(f_1|f_2) + R(f_1)R(f_1|f_1)} = \frac{R(f_2)p}{R(f_2)p + R(f_1)} \quad (5-2)$$

$$R(f_1 \mid f_1) = 1 - R(f_2 \mid f_1) \quad (5-3)$$

根据以上结果可知，消费者的购买决策会根据产品生产者的表现而有所区别：

（1）当产品生产者标示自己的产品类型为 f_1 时，消费者会选择购买高质量合规产品的概率为 $\frac{R(f_1)}{(1-p)R(f_1)+p}$，消费者选择不购买的概率为 $\frac{p[1-R(f_1)]}{(1-p)R(f_1)+p}$；

（2）当产品生产者标示的信息与真实产品不一致时，在这种情况下，消费者反而会接受低质量的不合规产品进行购买。

三　同类生产者之间的博弈

转基因食品生产者以利益最大化作为追逐的目标，一些企业为了逃避由于转基因食品强制性标志而产生的成本，采用掩盖转基因食品品质的方法，并不对其进行标志，最终在消费者购买环节，消费者常常无法确定一个具体的最终产品是否含有转基因品质（转基因成分），在缺乏包括标签和认证等有效的产品维护制度的情况下，含有转基因成分的产品品质被掩盖起来，就很容易出现经济学上所说的"搭便车"现象。假定食品行业存在业务领域相同的甲、乙两个产品生产者，有掩盖转基因食品品质和不掩盖转基因食品品质的选择，对于企业来说，实行不掩盖转基因食品品质的企业将获得收益 A，对产品进行真实的标志和说明以及实现可追溯所需成本为 B，如果食品生产者选择完全掩盖转基因食品品质,在这种"搭便车"行为下企业可以得到的利润为 C_E。我们可以用以下博弈矩阵来描述这个博弈过程(见表5-2)。

表 5-2　　　　　　　　　同类生产者之间的博弈矩阵

生产者	生产者	
	未掩盖转基因食品品质	掩盖转基因食品品质
未掩盖转基因食品品质	A－B,A－B	A－B,A
掩盖转基因食品品质	A,A－B	C_E,C_E

　　模型结果表明,在转基因食品市场上,存在"搭便车"的行为。举个例子来说,假设当市场上存在转基因食品生产者未按照标志管理办法对转基因食品进行标志,而是选择了掩藏产品品质,在当前转基因产品的巨大争论中,消费者对非转基因食品的购买意愿更高,其他食品生产者看到这种盈利情况,变化纷纷选择效仿,不对转基因食品进行标志,同类食品生产者都会因选择掩盖转基因食品的品质而获得利润。

第三节　三方主体的动态博弈分析

　　基于信号传递博弈模型,探索性地引入消费者主体构建政府部门、企业和消费者三方动态博弈模型,测度不同程度的消费者关注对社会福利的影响,进而探求农业转基因技术社会规制的模式策略。

　　首先,以政府部门和企业为例,具体阐释农业转基因技术应用社会规制中各利益相关者之间的动态博弈过程。政府作为转基因技术应用社会规制制度的规制者和监管者,作为信号发送者(S),主动发送是否监管以及监管严格与否的信号,食品企业会根据政府的策略而选择自己的行动方案,我们通常称被规制者为信号接收者(R)。企业接收到信号后,做出的反应 $q \in Q$,即进行 q_1 安全生产(合规生产)和 q_2 不进行安全生产(违规生产),p 表示企业对政府的先验概率猜测,其中,$p(t) \geq 0$,$\sum p(t) = 1$。本书假设规制者的策略为 φ_s,被规制者也就是信号接收者的方案为 φ_R，信号发送者根据自己的类型选择合适的行动决策（蒲晓，2009；刘涛，2012；刘俊威，2012）。

政府与企业的信号传递博弈分析过程如图 5-1 所示。

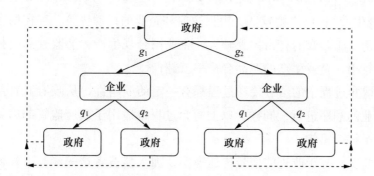

图 5-1　政府与企业的信号传递博弈分析过程

注：图中，g_i 表示政府严格监管，g_2 表示政府不严格监管，g_1 表示安全生产（合规生产），g_2 表示不安全生产（违规生产）。

政府的类型为 T，政府发出信号 G，企业接收到信号 G 做出行动决策，在给定行动策略的条件下，政府的预期收益为：

$$E_s(\varphi_S, \varphi_R, t) = \sum_{q \in Q} \sum_{g \in G} E_S(t, g, q) \varphi_S(t, g) \varphi_R(g, q) \tag{5-4}$$

式中，T 表示政府类型，$T = [t_1, t_2]$，t_1 表示严格监管的政府，t_2 表示不严格监管的政府。

企业的预期收益为：

$$E_R(\varphi_S, \varphi_R) = \sum_{q \in Q} \sum_{g \in G} \sum_{t \in T} E_R(t, g, q) \varphi_S(t, g) \varphi_R(g, q) p(t) \tag{5-5}$$

根据企业收益最大化原则，企业的收益为：

$$E_R(\varphi_S, \varphi_R) = \max \sum_{q \in Q} \sum_{g \in G} \sum_{t \in T} E_R(t, g, q) \varphi_S(t, g) \varphi_R(g, q) p(t)$$

$$\tag{5-6}$$

设政府实施严格监管的概率为 $\phi(t)$，则不严格监管的概率为 $1 - \phi(t)$，企业的机会成本为 E_0，企业的行动策略如下：

$$Q = \begin{cases} q_1 & E_R(\varphi_s, \varphi_R) \geqslant E_0 \\ q_2 & E_R(\varphi_s, \varphi_R) < E_0 \end{cases} \tag{5-7}$$

为了清楚地表达，设企业在不受政府严格监管的收益为 R_1，接受严格监管的收益为 R_2，一般情况下，$R_1 > R_2$，同时设监管部门严格打击的概率为 a，不进行打击的概率为 $1 - a$，则企业的预期收益为 $E_R = aR_2 + (1 - a)R_1$，当 $E_R > E_0$ 时，企业生产产品的合格率较高（合规生产）；反之则较低。根据政府和企业的行动决策，存在两个纳什均衡：①若政府打击力度较大，企业则合规生产；②监管部门打击力度较小，企业生产的产品合格率就越低。

博弈过程中的信号传递过程都有一定的顺序性，从政府监管部门到企业的顺序进行，同样，以上博弈过程也适用于政府监管部门到生物技术科研机构。

其次，基于改进的信号传递模型，加入消费者这一参与方，研究行为主体三方多重动态博弈过程，测度不同程度的消费者关注对社会福利的影响。设 φ_C 为消费者行为策略，$P(x)$ 为销售商制定的商品价格，则消费者的效用函数为：

$$u(t, x) = X(t, x) - P(x) \qquad (5-8)$$

式中，x 为企业对消费者的信息披露量，选择是否标志所生产的转基因食品信息或者非转基因食品的信息，$X(t, x)$ 为消费者剩余，消费者的预期收益为：

$$E'_C(\varphi_C, \varphi_G, \varphi_E, t_1) = \sum_{q \in Q} \sum_{g \in G} E'_C(t_1, g, q_1, q_2)\varphi_C(g, t)\varphi_G(q_1, g)\varphi_E(q_2, g)$$

$$(5-9)$$

在消费者参与前的模型里，政府监管部门的主要职责是监管企业是否将转基因食品与非转基因食品混淆，是否将产品以次充好，选择监管时所获得的政治利益包括政府上级部门的赏识、公众的好评、良好的社会形象等，在消费者参与前的模型中，政府的预期收益为：

$$E'_G(\varphi_G, \varphi_E, t) = \sum_{q \in Q} \sum_{g \in G} E_G(t, g_1, q'_2)\varphi_G(g_1, t)\varphi_E(q'_2, g_1)$$

$$(5-10)$$

在消费者参与后的三方博弈动态模型中，消费者参与后，消费者的知情权要求被保障，政府在消费者的监督下必须披露信息，政府的监管成本增加，变为 C'_G，设此时政府监管部门的先验概率为 $r(t)$，政府的预期收益为：

$$E_G'(\varphi_C,\varphi_G) = \sum_{q \in Q} \sum_{g \in G} \sum_{t \in T} E_G'(t_1,g,q_1)\varphi_C(t_1,g)\varphi_G(g,q_1)p(t_1)r(t_1)$$

$$(5-11)$$

消费者参与前，企业可以通过逃避信息标志，并不具体告知产品成分，将转基因产品和非转基因产品混淆，减少生产成本。企业的成本为 C_E，企业接收政府发出的信号，所采取的行动符合利益最大化原则，企业的预期收益为：

$$E_E(\varphi_E,\varphi_G) = \sum_{q \in Q} \sum_{g \in G} \sum_{t \in T} E_E(t_1,q'_2,q_1)\varphi_E(g_1,q'_2)\varphi_G(g_1,t)p(t)r(t)$$

$$(5-12)$$

消费者参与后，随着消费者关注的增加，企业必须依规生产高合格率的产品，这样，企业的生产成本会增加，企业在消费者参与后成本为 C'_E，企业的行动策略是在政府接收到消费者信号后做出的推断，则企业的预期收益为：

$$E_E'(_E,\varphi_G) = \sum_{q \in Q} \sum_{g \in G} \sum_{t \in T} E_E'(t_1,g_1',q)\varphi_E(q,g_1')\varphi_G(g_1',t)p(t_1)r(t)$$

$$(5-13)$$

本部分通过分析个体福利和总体福利的变动方向来评价特定社会规制的绩效，根据建立的三方信号传递博弈模型，消费者参与前的总成本：

$$C = C_G + C_E + C_C \qquad\qquad (5-14)$$

消费者参与后的总成本为：

$$C' = C_G' + C_E' + C_C' \qquad\qquad (5-15)$$

参与后与参与前的成本差：

$$\Delta C = C' - C$$
$$= (C'_G - C_G) + (C'_E - C_E) + (C'_C - C_C)$$
$$= \Delta C_G + \Delta C_E + \Delta C_C \qquad\qquad (5-16)$$

式中，政府在消费者参与后的模型中，监督力度会增加，监督成本也会增加，政府成本差 $\Delta C_G > 0$；随着消费者关注的增加，考虑到消费者的监督作用，政府便会严格监管，在政府监管部门的监管高压下，企业不得不按规生产高质量产品。因此，$\Delta C_E > 0$，$\Delta C_C > 0$，故 $\Delta C > 0$，即消费者参与后模型的总成本增加。

消费者参与前模型的总收益为：

$$E = E_G + E_E + E_C \tag{5-17}$$

消费者参与后模型的总收益为：

$$E' = E_G' + E_E' + E_C' \tag{5-18}$$

消费者参与前后的收益为：

$$
\begin{aligned}
\Delta E &= E' - E \\
&= (E'_G - E_G) + (E'_E - E_E) + (E'_C - E_C) \\
&= \Delta E_G + \Delta E_E + \Delta E_C \\
&= \Delta E_G + \Delta E_E + E_C' \\
&= \Delta E_G + \Delta E_E + \sum_{q \in \mathbf{Q}} \sum_{g \in G} E'_C(t_1, g, q_1, q_2) \varphi_C(g, t) \varphi_G(q_1, g) \varphi_E(q_2, g)
\end{aligned} \tag{5-19}
$$

社会消费者参与后，政府监管部门加强监管，企业更加严格地遵守法律，此时，存在 $\Delta E_E = E'_E - E_E = 0$。规制者（政府监管部门）在消费者参与前虽然社会福利有所损失，但是，总体的经济效益有所增加；消费者参与后，政府的社会福利增加，但是，经济收益受损，同时从长远来看，政府的经济收益会增加，即 $\Delta E_G = E'_G - E_G > 0$

即 $\Delta E = 0 + \Delta E_G [E'_G + E_G > 0)] + \sum_{q \in Q} \sum_{g \in G} E'_C(t_1, g, q_1, q_2) \varphi_C(g, t) \varphi_G(q_1, g) \varphi_E(q_2, g)(E'_G + E_G) > 0$

总收益增加：

$$\Delta C - \Delta E = \Delta C_G + \Delta C_E + \Delta C_C - [\Delta E_G + \Delta E_E + \sum_{q \in \mathbf{Q}} \sum_{g \in G} E'_C(t_1, g, q_1, q_2) \varphi_C(g, t) \varphi_G(q_1, g) \varphi_E(q_2, g)]$$

$$= -\Delta E_G + \Delta C_E + \Delta C_C - \sum_{q \in Q} \sum_{g \in G} E'_C[(t_1, g, q_1, q_2) \varphi_C(g, t) \varphi_G(q_1, g) \varphi_E(q_2, g)] < 0 \tag{5-20}$$

总收益的增加大于总成本的增加，消费者参与后模型总体福利增加。

基于政府监管部门、生产者和消费者的三方信号传递博弈模型的动态分析过程，存在两个贝叶斯均衡，将消费者加入博弈模型后，社会的总成本和总收益均增加，而且社会的总收益大于总成本，社会总体福利增加。将消费者主体引入规制者和企业的博弈模型中，消费者起到了较好的监督作用，消费者加入模型后，也就是说，随着消费者关注的增加，政府监管部门的监管力度增强，企业对于转基因食品的包装和标志更为明确，生产者的"寻租"行为有效减少，对于提高我国农业转基因技术社会规制的行为主体的利益协调有一定的借鉴意义。考虑到政府在转基因技术全产业链的重要角色，为了规范各利益主体行为，在构建转基因技术社会规制框架体系中，应逐步形成以政府规制为中心、被规制者（科研机构和食品生产者）自我规制、公众关注广泛参与的多方利益协调机制。

为进一步完善我国农业转基因技术社会规制，消费者应该增强食品安全知识和维权意识，积极举报假冒伪劣商品，维护自身合法权利，对不法生产者形成一种震慑力，影响着生产者的行为选择；政府应加大对流通领域重点食品的监测力度和频率，健全转基因食品可追溯体系；加大对违法生产者的惩治力度，采用法律方式对违反监管规定的企业进行法律制裁，减少不法生产者的"寻租"行为。

本章小结

政府部门、生产者、消费者和科研机构等利益相关主体之间的利益协调行为是政府规制的重要权衡点。本章分别同类行动者内部和不同行动者之间两种情形对主要利益相关主体进行利益协调行为分析，解析各个利益主体之间利益协调的行为过程，得到以下结论：

（1）政府监管部门与被规制者之间的博弈。假定政府监管部门与食品生产者之间的博弈是一个完全信息静态博弈均衡时存在两个纳什均衡解，政府监管部门监管越严格，生产者就越合规生产；如果政府监管部门不严格监管，生产者行为就恶劣，政府监管部门的公信力越低。

（2）同类生产者之间的博弈。在转基因食品市场上，存在"搭便车"行为，食品生产者掩盖转基因食品品质的行为是最优的理性抉择。

（3）生产者与消费者之间的博弈。消费者只能基于对产品和品牌的信任而对转基因食品进行选择，消费者在信息获取和信息识别方面处于弱势地位，他们掌握的食品信息明显少于食品生产者，只能通过食品商标和包装信息来了解相关食品的信息。根据信号传递博弈模型，两者之间存在准分离贝叶斯完美均衡，消费者会根据生产者的生产策略而进行选择。

（4）政府部门、企业和消费者三方动态博弈模型。在政府部门和企业博弈的基础上，加入消费者这一博弈主体，政府在消费者参与后监督力度会增加，监督成本也会增加；消费者参与将导致政府进行严格监管，企业必须生产高合格率的产品，企业的生产成本增加；从个体福利和社会福利来看，政府的经济收益从长远来看会增加，社会总收益的增加大于总成本的增加。也就是说，随着消费者关注的增加，社会总体福利增加。

第六章　农业转基因技术应用认知对社会规制的影响分析

正如前文研究可知，各利益相关主体的认知行为和态度在一定程度上影响了农业转基因技术应用的社会规制。为进一步探究转基因技术应用认知对社会规制的具体影响路径和影响程度，本章根据调研问卷结果，结合各主体对农业转基因技术应用过程中现行规制的评价和期望，从理论上解析认知与社会规制的关系，运用结构方程模型，剖析消费者认知行为对社会规制的影响路径和影响程度，并从宏观理论和微观实证两方面解析影响农业转基因技术应用社会规制的关键因素，为构建农业转基因技术应用社会规制体系提供思路。

第一节　利益相关主体对现行规制的评价和期望

消费者、生产者和生物企业等利益相关主体对现行的转基因技术应用社会规制的评价以及信任度在一定程度上体现着转基因技术应用社会规制的效率，本部分通过实地调研剖析利益相关主体对现行规制的评价和期望，有利于进一步完善农业转基因技术应用的社会规制。

一　利益相关主体对现行规制的评价

（一）转基因食品消费者对现行社会规制的评价和信任度

转基因标志既是规制转基因食品的重要手段，也是消费者实现知情权和选择权的重要体现。当被问及在购买食品时是否会注意产品说明和标签时，27.0%的消费者表示只是偶尔看产品标签，甚者有

2.6%的消费者从不看产品说明。此外，约25%的消费者没有关注转基因食品标志问题，比较清楚中国转基因产品政策法规的人少之又少，仅有3.4%。对于当前现有的转基因技术的规制政策，部分消费者质量安全认证工作和政府的职能表示质疑，仅有22.2%的消费者表示对市场上经过质量安全认证（QS标志）的食品很放心地购买（见表6-1），同时政府监管职能的实施并不能增强消费者的购买信心，政府对产品进行安全评价效果也并不佳，可能是近几年发生的食品安全事件给消费者造成了负面效应，消费者信心需要重新树立。消费者关于转基因食品所表现出的态度以及购买行为倾向直接关系政府和生产企业的具体行为决策，同时消费者在转基因食品消费中的实践活动也在一定程度上反映了规制效率。

政府在食品安全监管方面的能力还远没有达到消费者认可的程度（见表6-1），社会规制还有很多问题亟待解决。消费者获取转基因技术及产品的信息渠道在很大程度上影响了消费者的风险认知判断。互联网时代信息繁杂，消费者希望政府对转基因技术进行科普宣传，规范媒体行为，使之按照科学公正的理性态度，真实地报道转基因技术及转基因事件，以提高公众自身对转基因技术的认知水平，让公众能够自行分析选择。

表6-1　　　　　　消费者对转基因食品社会规制的信任度

消费者对转基因食品社会规制调查问题	频数	比重（%）
据您所知我国有关于转基因产品的政策法规吗？		
完全不清楚	124	18.8
不太清楚	443	67.2
基本清楚	70	10.6
比较清楚	17	2.6
完全了解	5	0.8
当您购买某种产品时是否会看产品说明和标签？		
从不	17	2.6
偶尔	178	27.0
经常	464	70.4

续表

消费者对转基因食品社会规制调查问题	频数	比重（%）
您是否在超市货架上见过"转基因食品"标签或者"非转基因食品"标签？		
没见过	142	25.3
见过	417	74.7
您对经过质量安全认证的食品是否放心购买？		
完全不放心	129	19.6
不完全放心	353	53.6
视情况而定	31	4.6
很放心	146	22.2
政府监管职能的实施是否让您放心购买食品？		
完全不信任	51	7.8
比较不信任	488	74.1
视情况而定	58	8.8
很信任	61	9.3
在转基因产品销售和推广过程中，政府机构的安全评价是否会增强您购买的信心？		
不会增强	284	43.1
视情况而定	80	12.1
会增强	295	44.8

（二）转基因作物种植者对现行社会规制的评价和信任度

转基因农产品市场具有明显的不确定性，进而容易造成市场失灵，政府作为转基因技术社会规制的主导者和制定者，应该对转基因农产品市场进行调节，重视农业转基因作物安全管理，完善转基因作物风险监管和安全评价，那么，在农户眼里，政府到底是什么角色或处于什么地位呢？

1. 转基因作物安全评价能否增强农户信心

实地调查时问："如果在转基因产品宣传和推广过程中，政府机构的安全评价（转基因技术风险评价）是否会增强您种植和购买的信心？"68.2%的农户表示政府的安全评价会增强自信心，表明大多数农户愿意相信政府，14.9%的农户表示不会增强信心，剩下16.9%的农户表示不确定,在北京、武汉和兰州 3 个城市的调研中,西部地区对政府部门的信任程度最高,其次是中部地区和东部地区(见表 6 - 2)。由此可见,政府应该加强转基因技术和转基因农产品的科普宣传,提升政府信息公开程度,增强农户对转基因技术的认知水平。

表 6 - 2　　　　　　农户对转基因作物安全评价的信心　　　　单位:%

政府对转基因作物安全评价是否会增强农户信心	北京郊区	武汉郊区	兰州郊区	总样本
会增强信心	59.4	63.5	80.7	68.2
不会增强信心	21.9	11.5	11.0	14.9
不确定	18.7	25.0	8.3	16.9

2. 遇到生产销售问题时农户对政府的依赖性

调研问卷中设计的相应问题是:"如果您种植的农作物在生产销售过程中遇到了麻烦,您最先想到的是用什么途径解决?"表 6 - 3 为不同学历农户解决生产销售问题途径选择的统计情况,结果表明,无论是何种学历,寻求政府解决问题的概率都很高,均在 37.50% 以上;被访者中 51.7% 的农户为初中学历,在初中学历的农户中,41.10% 的农户选择政府作为解决问题的主要途径,其次寻求解决的途径是法律和自己解决;无论在小学、初中还是高中学历中,学历越低,农户更倾向于靠自己解决问题,所占比重在 19.3%—30.77%,显示出了弱势群体的无奈。在这种情况下,政府应该调节农民的利益机制,保护农民的合法权益。

表 6 - 3　　　　　　农户解决生产销售问题的途径选择

学历		政府	法律	媒体	自己	销售商	总样本
小学及以下	频数	23	4	3	13	13	56
	比重(%)	41.07	7.14	5.36	23.21	23.21	100.00
初中学历	频数	67	36	12	32	16	163
	比重(%)	41.10	22.09	7.36	19.63	9.82	100.00

续表

学历		政府	法律	媒体	自己	销售商	总样本
高中或中专	频数	33	25	8	20	2	88
	比重（%）	37.50	28.41	9.09	22.73	2.27	100.00
大专学历	频数	6	0	2	4	1	13
	比重（%）	46.15	0.00	15.38	30.77	7.69	100.00
本科学历	频数	2	2	1	0	0	5
	比重（%）	40.00	40.00	20.00	0.00	0.00	100.00

注：由于计算过程中的四舍五入，表中各分项百分比之和有时不等于100%。下同。

通过农户对转基因作物的安全评价和政府依赖度的分析，不难推测农户对转基因作物社会规制的需求：

（1）农户是转基因技术规制的一个重要行为主体，同时，政府信任度是影响农户对转基因作物认知的一个重要因素，希望政府构建转基因作物风险评估体系，及时准确地发布评估信息，最大限度地消除农户对转基因作物风险的猜测和顾虑。

（2）希望政府利用农村的教育资源，最大限度地进行生物技术的培训并实施全民科普，拓宽宣传途径，告知生物技术相比于传统技术的优势和当前"挺转"和"反转"争论的核心问题。同时，增强农户之间的信息交流能力，进一步提高农户对转基因技术的认知水平。

（3）保护转基因作物种植者的自行留种权和选择权，有效地协调农户利益和育种公司的专利权利益。

（三）生物企业对现行转基因技术社会规制的评价和信任度

当被问及"您对经过质量安全认证①的食品是否放心购买？"时，将近一半即46.15%的被访企业表示比较不信任经过质量安全认证的食品，仅有11.54%的企业比较信任市场上经过质量安全认证的产品；当被问及"在转基因食品的监管过程中，政府监管部门职能的良好发挥是否让您放心地购买食品？"时，被访企业针对当前政府部门对转

---

① 经过质量安全认证的产品指的是对企业的生产环境、生产设备、制造工艺、产品标准进行强制性检验，带有 QS 标志的产品。

基因技术的监管职能比较信任，59.62%的企业表示比较信任，相比于经过质量安全认证的产品，被访企业更为信任政府部门的监管职能和政府对产品的安全评价（见表6-4），因此，重树质量安全信心迫在眉睫。

表6-4　　生物企业对我国农业转基因技术社会规制的信任度

质量安全认证的产品是否放心		政府部门的监管职能是否信任		政府安全评价是否会增加信心	
选项	比重（%）	选项	比重（%）	选项	比重（%）
完全不信任	5.77	完全不信任	1.92	会	46.15
比较不信任	46.15	比较不信任	23.08	不会	38.46
一般	36.54	一般	15.38	不知道	15.38
比较信任	7.69	比较信任	44.24		
完全信任	3.85	完全信任	15.38		

二　利益相关主体对社会规制的期望

政府在制定农业转基因技术应用规制政策时，应结合各主体对转基因技术的认知行为和态度，必须把各利益相关者的行为作为影响因素纳入考虑中。本书通过实地调研了解到各行为主体对转基因技术应用社会规制的期望和需求：

（一）消费者认为，加强转基因生物知识科学普及推广是当务之急

表6-5显示，64.5%的受访者认为，加强转基因生物知识科普非常重要；其次是建立转基因信息公开和决策平台，把转基因技术风险评价信息及时公布于众，消费者能够真实准确地了解政府对转基因技术的评价内容；再次是对转基因问题及时准确地报道，加强媒体舆论报道的真实性与准确性。此外，消费者希望科学家加强转基因技术研发，加大核心型和创新型转基因技术专利的研究，加强从研发、试验到推广整个转基因技术产业的发展及科研团队人才建设，凸显科研投入的规模效应和集聚效应。

表 6 - 5　　　　　消费者对农业转基因技术应用社会规制的期望　　　单位:%

完善转基因技术应用社会规制的措施	非常不重要	不太重要	一般	比较重要	非常重要
加强转基因生物知识科学普及推广	4.3	1.8	5.5	23.9	64.5
对转基因问题及时准确地报道	4.1	4.0	9.6	28.6	53.6
建立转基因信息公开和决策平台	3.7	2.3	7.8	25.1	61.2
科学家加强转基因技术研发	4.0	2.7	9.1	27.1	57.1
完善转基因技术的法律法规	4.7	5.0	11.6	27.1	51.7

（二）农户希望政府能够加强科普并实现信息公开

对被访农户提了一个问题："如果在转基因产品宣传和推广过程中，政府部门的安全评价（转基因技术风险评价）是否会增强您种植和购买的信心？" 68.2% 的农户表示政府的安全评价可以增强自身信心，表明大多数农户愿意相信政府，14.9% 的被访者表示不会增强信心，剩下 16.9% 的农户表示不确定。农户期望政府能够加强科普宣传，告知转基因作物的潜在优势，同时能够实现信息公开，能够快速准确地知道转基因产品的安全评价过程及评价结果，及时把握转基因作物的商业化过程。

（三）科研机构希望政府加大资金投入力度

科研机构的主要功能是研发新的产品和技术、制定行业标准和提供产品和技术推广宣传的社会服务等。资金投入是影响科研机构是否对转基因技术进行研究的主要因素，90% 的科研机构希望政府能够加大资金投入力度，加强转基因技术的研发。没有政府的专项资金投入，科研机构很难自筹经费开展研究（娄少华，2009）。科研机构研究人员同时期望政府能够完善农业转基因技术的政策法规，如整合转基因作物的审批过程，把研究与实验、生产和加工融为一体，减少中间环节不必要的麻烦。

（四）企业希望政府增加成果转换率

虽然我国在农业转基因技术的研发上取得了丰富的研究成果，但是，部分成果仍然只是停留在实验室阶段，并没有转化为现实的生产力，企业希望政府能够大力推进转基因技术的成果转化，增大投入力度，推进转基因技术的成果转化，加强转基因产品的深加工，满足消费者日益增长的需求。

此外，媒体应该客观公正地披露转基因技术的相关信息和事件，报道内容涉及研发试验、种子销售、生产种植和产品标志等转基因技术应用的整个链条。媒体报道的问题中固然有转基因技术应用制度上的缺失或者是政府部门监管不严格等客观方面的因素。

第二节　消费者认知对社会规制的影响分析

政府在制定转基因技术规制法律时，必须考虑各利益主体的认知行为和态度。本部分从理论上解析认知与社会规制的关系，并通过构建结构方程模型，剖析消费者认知对社会规制的影响路径和影响程度，这有助于从源头上完善转基因全产业链的安全管理，有效地缓解当前转基因技术的争论。

一　转基因技术应用认知与社会规制的关系

消费者是转基因食品社会规制的直接力量，消费群体的认知行为和购买能力在很大程度上影响市场的发展走势，消费者有选择权和知情权，有权确认食用产品是否安全，有权知道食品的相关信息。由消费者对转基因技术的认知需求引发的社会规制包括转基因食品风险交流机制和转基因食品标志政策（徐丽丽等，2010）。当政府对农业转基因技术产业链进行规制并规范各利益主体的行为时，由于社会规制的外生性很强，有效的规制手段、科学的规制政策和良好的社会规制效果能够改善公众对转基因食品和相关政策的认知程度。也就是说，良好的社会规制通过公众对规制部门的信任而改变其认知。同时，由于政府在制定决策时必须考虑消费者的知情权和选择权，公众的认知反过来也会在一定程度上影响农业转基因技术应用的社会规制。

由于信息的不对称性、道德伦理冲突和媒体舆论的宣传等多个因素的共同作用，消费者对转基因产品的潜在风险仍存在顾虑，关于转基因食品的安全性争论也不断加剧。涉及的与农业转基因技术相关的社会问题的控制和处理将主要依赖于政府的社会规制水平，公众对转基因技术的认知会影响自身的行为态度（冯良宣，2013；张郁等，2014）。不同阶层和背景的消费者会由于受教育水平、文化传生活水平、心理素质等多方面因素的影响，对转基因食品的认知便会出现较大的偏差（王宇红，2012）。消费者是转基因食品社会规制的直接受益者，消费者的认知行为和态度会也会反作用于社会规制。通常情况下，规制政策的调整被理解为重新平衡各相关主体利益的过程（马述忠，2003a，2003b）。也就是说，政府在制定转基因技术应用社会规制的过程中应以各利益主体的利益诉求为前提，而利益诉求是建立在他们自身的认知水平和行为态度上的，所以，政府在社会规制中应考虑各利益主体的认知行为和态度。消费者认知与社会规制之间的关系大致如图 6-1 所示。

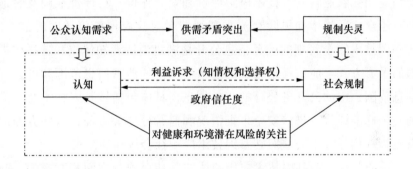

图 6-1　消费者认知与社会规制之间的关系

政府主动提供信息能够改变消费者对转基因食品的认知和行为态度，进而增加社会福利（Stefani and Vali，2004）。针对当前我国转基因技术发展面对的复杂的现实环境，政府应该积极制定相应政策，以加强科普宣传并保障公众的知情权和选择权。转基因产品标志制度是政府对转基因产品进行规制的一项重要措施，鉴于生物技术知识的复杂难懂，标志制度是体现消费者的知情权和选择权的重要方式。但是，当前我国消费者的认知水平并不全面，加之对转基因食品潜在风险的顾虑，消费者迫切想要知道转基因食品的安全性定论，此时，政府的社会规制便是消费者认知需求意愿的重要体现，我国对转基因产品实施强制标志规定。在对转基因食品标志这个问题上，国内外学者得出一个普遍的结论：仅有小部分消费者对转基因食品的潜在风险表示担忧时，应该实施自愿性标志；大部分消费者有强烈的需求想要知道日常消费的食物中是否含有转基因成分时，实行强制性标志是最优选择（Crespi and Marette，2003）。

公众对转基因食品的认知水平是前提，政府应该针对当前公众的认知程度制定不同的政策。当消费者还不甚了解转基因产品且对转基因技术的认知程度非常有限时，政府应该加强与公众的风险交流并科普宣传转基因技术的科学知识，使公众对转基因技术具有更加理性、客观的认识；当消费者的认知水平不再局限于对转基因产品品种的听说程度，而是延伸为对潜在的健康风险和生态风险有较大顾虑时，政府则应加强农业转基因技术风险评价和安全评价，将评价准确及时地公布于众，通过增加风险交流重塑消费者对政府评价信任度的信心。转基因技术安全管理的政务信息公开是满足消费者知情权和选择权需求的重要方式。应该界定转基因技术信息中的涉密信息范围和可公开信息范围，主动公开可公开的政务信息，具体包括转基因技术及产品的安全标准评价、进口安全审批情况和监管处罚等方面，这些方面的有效管理均体现了公众对转基因技术应用社会认知的需求。

总的来说，转基因技术应用的认知与社会规制之间相互影响，政府在制定转基因技术规制决策时会考虑各利益相关主体的认知水平，在决策中权衡和实现各利益相关主体的利益需求，在对转基因技术规制的关注下，良好的规制能够改善公众对转基因食品和相关政策的认知。

二 消费者认知对转基因技术应用社会规制的影响

（一）模型的基本设定及变量的选取

各利益相关主体对转基因技术应用的认知属于自身的主观认识，概念比较抽象且难以直观测度，而结构方程模型（SEM）是一种有效的解决方案，可以将抽象的难以量化的变量转化成一种可供观测和处理的变量，因此，本书选取 SEM 模型具体衡量各利益相关主体转基因技术的认知水平对规制政策的影响路径和影响程度。

通常情况下，测量模型和结构模型两种形式组成结构方程模型，其中，测量模型反映的是潜在变量与可测变量之间的关系，又称为验证性因素分析；而结构模型是一个传统的路径分析，反映的是潜变量之间的结构关系。一般化 SEM 模型参见本书第一章第四节有关内容。

本书以消费者为例，衡量消费者认知行为对转基因技术应用社会规制的影响。提出如图 6-2 所示的影响消费者认知行为对转基因技术应用社会规制影响的假说模型。消费者对转基因技术的认知主要由转基因食品听说程度、转基因产品认知数量、转基因作物优势及潜在风险和生物知识了解程度 4 个结构变量决定；转基因技术应用社会规制主要由政府职能发挥、质量安全认证和转基因技术风险评价三个结构变量决定。模型假设各利益相关主体对转基因技术应用的认知为内生潜变量，转基因食品听说程度、转基因产品认知数量、转基因作物优势及潜在风险和生物知识了解程度为外源潜变量。对转基因技术应用社会规制方面，假设政府监管职能发挥、质量安全认证和转基因技术风险评价作为外源潜变量，本书提出以下假设：

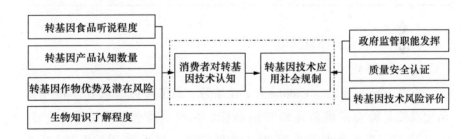

图 6-2 消费者认知行为对转基因技术应用社会规制的影响

H6-1：转基因食品听说程度、转基因产品认知数量、转基因作物优势及潜在风险和生物知识了解程度对消费者转基因技术的认知产生影响。

H6-2：政府监管职能发挥、质量安全认证和转基因技术风险评价对转基因技术应用社会规制产生影响。

H6 - 3：消费者转基因技术认知对转基因技术应用社会规制有影响。

假说模型涉及的变量如表 6 - 6 所示。

表 6 - 6　消费者认知行为对转基因技术应用社会规制的影响假说模型变量

潜变量	可测变量	定义及赋值
消费者对转基因技术认知	转基因食品听说程度	从未听说 = 1，只听过一两次 = 2，偶尔听说 = 3，经常听说 = 4
	转基因产品认知数量	
	转基因作物优势及潜在风险	不清楚 = 1，没有任何优势 = 2，知道 3 种优势以下 = 3，知道 4 种潜在优势以上 = 4
	生物知识了解程度	生物知识问答题答对数
转基因技术应用社会规制	政府监管职能发挥	完全不信任 = 1，比较不信任 = 2，视情况而定 = 3，不完全信任 = 4，很信任 = 5
	质量安全认证	不会增加信心 = 1，视情况而定 = 2，会增强信心 = 3
	转基因技术风险评价	完全不信任 = 1，比较不信任 = 2，视情况而定 = 3，不完全信任 = 4，很信任 = 5

（二）样本的科学性检验

1. 信度检验

克隆巴赫 α 系数（Cronbach's α 系数，以下简称 α 系数）和折半信度系数是检验模型信度的常用指标。在本次检验中，α 系数介于 0—1 之间，当系数小于 0.35 时，为低信度；当系数介于 0.35—0.7 之间时，为一般信度；当系数大于或者等于 0.7 时，为高信度。一致性信度 α 系数为 0.465，系数值略低，可能因为样本选取的随机性较强。折半信度系数为 0.579，符合这半信度系数大于 0.5 的标准要求。

2. 效度检验

关于衡量消费者对转基因食品认知程度的衡量指标，即选取的 4 个可测变量，是基于文献综述和相关理论综合考虑的结果，能够较为全面地代表转基因技术认知水平，通过了模型的效度检验。在进行因子之前，首先对变量进行一致性检验，检验结果表明，KMO 值为 0.745，P 值为 0.000，这说明适合进行因子分析。可测变量间的相关系数如表 6-7 所示。

表 6-7　　　　　　　　　　　　可测变量间的相关系数

相关系数	转基因产品听说程度	转基因产品认知数量	转基因作物优势及潜在风险	生物知识了解程度
转基因食品听说程度	1.000	0.078*	0.134**	0.283**
转基因产品认知数量	0.078*	1.000	0.086*	0.170**
转基因作物优势及潜在风险	0.134**	0.086*	1.000	0.049
生物知识了解程度	0.283**	0.170**	0.0492	1.000

注：**和*分别表示在5%和10%的显著性水平下显著。

（三）模型拟合

由于本书只研究消费者转基因食品认知水平对转基因技术应用社会规制的影响，且所选取的可测变量对潜在变量的影响只运用 SEM 中的验证性因素分析，按照结构方程模型的程序，本书运用 AMOS 21.0 对模型进行拟合。表 6-8 为 SEM 模型的整体适配度检验指标和实际拟合值，检验结果表明，整体模型拟合结果理想，假设的路径是合理的。

表 6-8　　　　　　　　　SEM 模型整体适配度的拟合结果

统计检验值	实际拟合值	标准	模型结果是否理想
χ^2	27.443（p = 0.061）	P > 0.05	√
GFI（拟合优度指数）	0.988	> 0.900	√
RMR（均方根残余指数）	0.049	< 0.050	√
RMSEA（近似误差均方值）	0.041	< 0.050	√
NFI（规范拟合指数）	0.888	> 0.900	接近
CFI（比较适配指标）	0.936	> 0.900	√

在整体拟合指标通过以后，SEM 模型是应用极大似然估计法进行估计，在此之前，首先检验数据是否符合多变量正态分布，峰度系数在 2.06，偏度系数在 7.12，临界比率（CR）符合正态分布假设，满

足 SEM 的前提假设。

消费者转基因食品认知对社会规制的影响路径大致如表 6 - 9 所示。

表 6 - 9　　　　消费者转基因食品认知对社会规制的影响路径

路径			估计值	标准差	临界比率	P 值
结构模型						
转基因技术应用社会规制	←	转基因技术认知	0.368	0.168	2.193	**
测量模型						
转基因食品听说程度	←	转基因技术认知	1.000	—	—	
转基因产品认知数量	←	转基因技术认知	0.795	0.199	3.993	***
转基因作物优势及潜在风险	←	转基因技术认知	0.769	0.329	2.336	***
生物知识了解程度	←	转基因技术认知	5.252	1.567	3.352	***
转基因技术风险评价		转基因技术应用社会规制	1.000	—	—	
质量安全认证	←	转基因技术应用社会规制	1.776	0.568	3.127	**
政府监管职能发挥	←	转基因技术应用社会规制	0.371	0.106	3.519	***

注：*** 和 ** 分别表示在1%和5%的显著性水平下显著。"—"路径表示 SEM 模型的基准，用来估计其他路径是否显著。

消费者转基因食品认知对转基因技术应用社会规制的影响路径结果验证理论模型阶段的 3 个假设，即转基因食品听说程度、转基因产品认知数量、转基因作物优势及潜在风险和生物知识了解程度等变量对认知水平的影响有显著正效应；政府监管职能发挥、质量安全认证和转基因技术风险评价对转基因技术应用社会规制产生正向影响；消费者对转基因技术认知对转基因技术应用社会规制有正向影响。

在测量模型中，转基因食品听说程度、转基因产品认知数量、转基因作物优势及潜在风险、生物知识了解程度对消费者对转基因食品认知水平的标准化路径系数影响方向一致，且均为正，通过了显著水平检验，消费者对生物知识了解程度对转基因食品认知程度的显著性最大，这一情况与现实情况相符。

在结构模型中，消费者对转基因技术认知对转基因技术应用社会规制的标准化路径系数为 0.368，并通过了显著性检验。不难理解，消费者对转基因技术及产品了解得越全面，消费者参与意识的增加和规制透明度的提高，会对当前转基因技术应用社会规制要求要严格，会要求更多的知情权和选择权，进一步消除转基因食品对人类健康和生态环境的安全性顾虑。

第三节　社会规制的影响因素分析

结合各利益相关主体对转基因技术应用社会规制的评价和希望，从宏观理论和微观实证两个层面出发，解析影响农业转基因技术应用社会规制的关键因素。

一　宏观理论方面

（一）国别视角下农业转基因技术应用社会规制差异的影响因素

1. 经济实力不同

农业转基因生物应用可以提高农业生产率，降低生产成本和人工成本，提高生产者的收入，降低消费者的价格。相较于恩格尔系数较小的国家，恩格尔系数较大的国家采用农业转基因技术得到的收益会更大一些，对贫穷国家的人来说，食物的成本占消费者价格较大的比重，食品中单位成本的节约，可以使贫穷国家的人收益更多。

2. 对健康的关注不同

对于发展中国家的穷人来说，他们更多关注的是生存能力，如何获得食物养家糊口的能力；而发达国家的富人则更多地关注健康问题，如肥胖、癌症、糖尿病等问题，以欧盟为例，他们反对利用转基因生物改善农产品供给，但是，非常支持运用生物技术开发药品来治疗疾病。

3. 社会各阶层的经济利益分配不同

美国实施宽松的农业转基因技术政策，虽然消费者可以以较低的价格购买，能够享受转基因技术所带来的利益，但是，政策的出发点是为了保障本国种植农民的利益所得；不同于美国的利益所得阶层，欧盟的出发点在于保护成员国内消费者的食用安全，同时最大限度地保障传统农作物种植农户的利益。

（二）国家内部视角下农业转基因技术应用社会规制的影响因素

规制环境是政府进行农业转基因技术应用社会规制的初始条件，市场、消费者、企业和社会舆论等多方面均会在一定程度上影响农业转基因技术应用社会规制。

1. 行业信息的对称性

转基因食品市场上存在着严重的信息不对称，完善政府规制的出发点在于解决市场失灵问题（臧传琴，2010）。消费者处于信息获取与识别的劣势地位，只能依靠日常生活经验来选择食品。如果转基因食品没有按照规定标志转基因产品，会造成转基因产品与非转基因产品之间的混杂，甚至形成逆向选择。

2. 消费者的认知行为和购买意愿

在政府和企业博弈的基础上引入消费者关注，消费者参与后将导致政府进行严格监管，企业必须生产高合格率的产品，企业的生产成本增加。在这种情况下，消费者的认知水平和购买意愿是影响卖方行为的重要因素，会对企业的生产行为起到一定的约束作用。消费者的认知水平和行为态度将直接影响转基因技术应用社会规制的效率。

3. 企业的自我规制意识

在转基因食品市场上，政府作为规制者，规制对象主要是提供转基因食品的生产商和销售商，除政府监管部门的严格监管外，企业自我规制意识的高低也会在一定程度上影响转基因技术应用社会规制的绩效。如果转基因食品供应商的自我规制意识较高，就会按照相关规定提供安全食品，保证市场有序运行，农业转基因技术应用社会规制的效率水平自然会高；反之亦然（李伟，2005）。

4. 社会舆论监督

农业转基因技术应用社会规制的良好运行除政府的严格监管和企业的自我规制外，仍然需要大众舆论监督，会对转基因食品企业的行为形成一种震慑力，为农业转基因技术及应用社会规制创造一个良好的环境。同时，媒体应该客观报道与转基因技术相关的信息和事件，引导广大消费者增加关于转基因技术及转基因食品的科普知识，增强消费者对转基因技术的认知水平。

二　微观实证方面

前文已详细分析影响转基因技术应用各利益相关主体认知行为及态度的驱动因素，本部分从认知水平的驱动因素出发，进一步探究影响农业转基因技术社会规制的关键因素。

（一）DEMATEL 模型的构建

DEMATEL 模型是一种运用矩阵和图论等理论识别影响因素的方法，先根据各因素之间的逻辑关系构建直接影响矩阵，计算系统所有变量中每一个因素对其他因素的影响度，并测算各影响因素的中心度和原因度，判断该因素是过程性因素还是结果性因素。这种方法同时关注各因素之间的直接影响和间接影响关系，采用 DEMATEL 方法对影响农业转基因技术应用社会规制的因素进行量化分析，过程直观清楚，为剖析影响因素提供了理论科学依据。

一般来说，DEMATEL 模型的应用通常有五个步骤，具体内容请参见本书第一章第四节有关内容。

（二）转基因技术应用社会规制的影响因素

根据农业转基因技术应用社会规制涉及的不同利益相关主体，共选取 14 个因素对转基因技术应用社会规制的影响因素进行识别。由于农户本身也是消费者，故其认知水平的影响因素和消费者因素基本一致，共同归纳为公众影响因素，具体变量及符号见表 6-10。

表 6-10　　农业转基因技术应用社会规制的影响因素

利益相关主体	影响因素	符号
消费者和农户	年龄	F1
	受教育程度	F2
	收入	F3
	对政府部门的信任程度	F4
	信息获取渠道	F5

续表

利益相关主体	影响因素	符号
企业	新产品投资量	F6
	涉及转基因业务程度	F7
	企业销售利润	F8
科研机构	科研能力	F9
	资金投入程度	F10
政府部门	对生态环境影响程度	F11
	对人类健康影响程度	F12
	对伦理道德影响程度	F13
	技术成果商品化程度	F14

在计算转基因技术应用社会规制关键因素的直接影响关系矩阵时，如果两个因素之间没有相关关系，相应的影响系数元素为 0，如果两者之间有直接影响关系，运用 OLS 回归的方法计算得到直接影响系数（李中东，2011），然后通过 MATLAB 软件可得到综合影响关系矩阵，见表 6 – 11。

表 6 – 11　　　　农业转基因技术应用社会规制影响因素的
综合影响关系矩阵

	F1	F2	F3	F4	F5	F6	F7	F8	F9	F10	F11	F12	F13	F14
F1	0	0	0	0	0	0	0	0	0	0	0	0	0	0
F2	0	0	0.17	0	0.13	0	– 0.02	0.10	0	0	0	– 0.03	0	0.15
F3	0	0	0	0	0.49	0	– 0.03	0.24	0	0	0	0.17	0	0.1
F4	0	0	0	0	0	0	0	0	0	0	0	0	0	0
F5	0	0	0	0	0	0	0	0	0	0	0	0	0	0
F6	0	0	0	0	0	– 0.02	0	0	0	0.13	0	0	0	0
F7	0	0	0	0	0	0	0	0	0	0	0	0	0	0
F8	0	0	0	0	0	0	0.14	0	0	0	0	0	0	0
F9	0	0	0	0	0	0	– 0.06	0.42	0	0	0	0	0	0.31
F10	0	0	0	0	0	0.18	0	0	0	– 0.02	0	0	0	0
F11	0	0	0	0	0	0	0	0	0	0	0	0	0	0
F12	0	0	0	0	0	0	0	0	0	0	0	0	0	0
F13	0	0	0	0	0	0	0	0	0	0	0	0	0	0
F14	0	0	0	0	0	0	0	0	0	0	0	0	0	0

　　将综合影响关系矩阵中行元素相加得到相应元素的影响度，按列相加得到被影响度，并按照 DEMATEL 模型步骤 5 测算转基因技术应用社会规制影响因素的中心度和原因度。从中心度来看，中心度数值较高的前 5 个因素分别为 F3（收入）、F8（企业销售利润）、F9（科研能力）、F5（信息获取渠道）和 F14（技术成果商品化程度），中心度依次为 1.1359、0.9016、0.6720、0.6167 和 0.5647（见表 6 - 12）。

表 6 - 12　　转基因技术应用社会规制各元素间的中心度和原因度

影响因素	行和（D）	列和（R）	行列和（D+R）	行列差（D-R）
F1	0	0	0	0
F2	0.5001	0	0.5001	0.5001
F3	0.9659	0.17	1.1359	0.7959
F4	0	0	0	0
F5	0	0.6167	0.6167	-0.6167
F6	0.106	0.1535	0.2595	-0.0475
F7	0	0.0285	0.0285	-0.0285
F8	0.1423	0.7593	0.9016	-0.6170
F9	0.6720	0	0.6720	0.6720
F10	0.1535	0.106	0.2595	0.0475
F11	0	0	0	0
F12	0	0.1411	0.1411	-0.1411
F13	0	0	0	0
F14	0	0.5647	0.5647	-0.5647

　　下面进一步分析各元素的原因度，由图 6 - 3 可知，横坐标以上的因素为原因因素，也就是 F3（收入）、F9（科研能力）、F2（受教育程度）和 F10（资金投入程度），其中公众的收入水平是影响转基因技术应用社会规制的最根本原因，其次是科研机构的科研能力；横坐标以下的因素为结果因素，按照从大到小的顺序依次为 F7（涉及转基因业务程度）、F6（新产品投资量）、F12（对人类健康影响程度）、F14（技术成果商品化程度）、F5（信息获取渠道）和 F8（企业销售利润）。

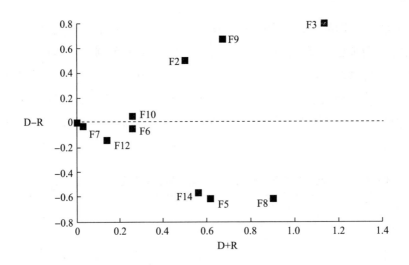

图6-3　转基因技术应用社会规制要素影响关系

　　因此，影响农业转基因技术应用社会规制的因素按照重要程度依次为收入、企业销售利润、科研能力、信息获取渠道和技术成果商品化程度。由此可见，各利益相关主体均会影响农业转基因技术应用社会规制，其中，公众是转基因技术应用社会规制的关键主体，应扩展和丰富公众参与交流的方式及途径，扩宽信息交流渠道，增加公众关于转基因技术的科普和培训，增强公众对转基因技术的认知；应增加对科研机构的研发资金投入，增强科研机构和企业的研发能力，进而增强企业销售利润；提高政府部门的技术成果转化率，提升我国转基因技术的创新能力。

本章小结

　　本章首先根据调研问卷结果剖析消费者、农户、企业和科研机构的认知行为及态度，探究认知行为对社会规制的影响路径和影响程度，识别影响农业转基因技术应用社会规制的关键因素，得到以下结论：

　　第一，各个利益相关主体对市场上经过质量安全认证的食品不能放心地购买，同时政府监管职能的实施并不能增强消费者的购买信心，政府对产品进行安全评价效果也并不佳，产品信心急需重新树立。

　　第二，消费者的认知行为对转基因技术应用社会规制有正向影响。运用结构方程模型测算得到消费者转基因食品认知水平对转基因技术应用社会规制的标准化路径系数为 0.368，呈现显著的正向效应，表明转基因技术认知对社会规制显著影响。转基因食品听说程度、转基因产品认知数量、转基因作物优势及潜在风险和生物知识了解程度对消费者转基因技术的认知产生影响；政府监管职能发挥、质量安全认证和转基因技术风险评价对转基因技术应用社会规制产生影响。

　　第三，政府在制定农业转基因技术应用的规制政策时，应结合各主体对转基因技术的认知行为和态度，必须把各利益相关者的行为作为影响因素纳入考虑中。从消费者角度出发，消费者对转基因食品的态度与自身认知水平有直接关系，而且对当前转基因食品的标志政策并不了解，加强转基因生物知识科学普及推广、建立转基因信息公开和决策平台是当务之急；从生产者角度出发，农户的文化程度和经济水平影响转基因技术的选择，应加强转基因技术研发；从企业的角度出发，应该制定适宜的投资政策，以补贴的形式保护生物技术的研发；从研究机构角度出发，加大核心型和创新型转基因技术专利的研究，加强从研发、试验到推广整个转基因技术产业的发展及科研团队人才建设，凸显科研投入的规模效应和集聚效应。

　　第四，由于各国的经济实力不同、对健康的关注不同以及社会各阶层的经济利益分配不同，导致国家间农业转基因技术应用社会规制的差异。而市场信息的对称性、消费者的认知水平和态度行为、企业的自我规制意识以及社会舆论的监督等方面均会在一定程度上影响农业转基因技术社会规制的制定及其实施效率。实证结果表明，影响农业转基因技术应用社会规制关键因素依次为收入、企业销售利润、科研能力、信息获取渠道和政府部门技术成果商品化程度。

第七章 农业转基因技术应用
社会规制绩效评估

绩效评估是一种考量社会规制是否有效运行的方式，对当前转基因技术应用社会规制进行绩效评估，为政府完善现有规制和自身职能提供侧重点和改革方向。中国政府对于转基因水稻的商品化生产持谨慎的态度，既积极推进转基因水稻的研发，也考虑到转基因水稻应用及大规模环境释放可能带来的潜在风险问题，便进行了严格的生物安全评价和社会规制。本书以农业转基因技术应用社会规制为研究对象，以转基因水稻为典型案例，运用改进的 RIAM 模型对转基因水稻的社会规制进行绩效评估，从生态环境规制、安全规制、营养规制、健康规制和社会经济问题规制等方面构建农业转基因技术应用社会规制的绩效评价指标体系。

第一节 社会规制绩效评估理论

社会规制绩效评估是对某项规制所产生的正向效果和负向效果的系统评估，成本—收益法通常是一种评估社会规制绩效的常规方法（E. Jane，2001；李真和张红凤，2012），一般首先为收益和成本赋予货币价值，具体测算该项规制实施所需要的成本以及规制实施后可能产生的收益，选择那些相对于成本而言，收益率最高的项目，或者选择所有收益大于成本的项目。其次根据成本收益来调整相应的规制工具，绩效评估的目的在于客观地评价政府规制的效果，实现社会规制的理性预期，以此来提高社会规制效率。

社会规制绩效评估研究主要围绕绩效评估方法的选择以及如何评价规制绩效：

（1）在社会规制成本方面，都需要对项目或政策的成本进行货币计量，首先需要对所需的所有商品和劳务进行详细描述（Levin，2001），其次按照市场价格对所购商品和劳动力的成本进行计算。成本一般包括直接成本、间接成本和隐性成本等类型。

（2）在社会规制绩效评估方法选择方面，社会规制在人类健康、环境风险与安全方面的收益无法量化。国外学者特卡库克等（1991）指出，可以运用条件价值评估法和试验拍卖法等方法，通过支付意愿来衡量健康风险降低所带来的收益。

（3）将社会规制中的安全效益分为生产者效益、消费者效益和社会总效益来衡量，包括社会公平、患病风险的降低和企业的生产效率及新产品上市可能性等方面。在社会规制的绩效评估方面，运用成本—收益方法是一种衡量规制的绩效的有效方式。

不同于经济收益，社会收益更关注社会规制带来的福利变化，很难用实用价值来衡量，RIAM 模型（Rapid Impact Assessment Matrix）是一种用于成本—收益分析的半定量方法，已逐渐应用于社会规制中的安全规制和健康规制。

第二节　社会规制绩效评估体系构建

RIAM 模型的基本思想是构建数理模型，综合考虑所有风险和收益因素的影响效果，在此基础上构造得分矩阵，最后得到综合的绩效评估结果。RIAM 模型是一种用于成本收益分析的半定量方法，最初用于环境规制绩效评估，Kuitunen 等（2008）应用 RIAM 模型测算环境保护规制效果，RIAM 模型同样适用于战略环境影响评估。随着研究的深入，RIAM 模型逐渐应用于社会规制中的安全规制和健康规制领域。同时，国外学者分别就三大规制的原因、规制过程、规制政策等问题进行了分析。

帕斯塔基亚和詹森（Pastakia and Jensen，1998）提出 RIAM 的基本公式：

$$A1 \times A2 = (AT)$$
$$B1 + B2 + B3 = (BT)$$
$$(AT) \times (BT) = ES \qquad\qquad (7-1)$$

式中，ES 为生态环境规制得分，本书以生态环境规制为例，社会规制绩效主要从生态环境规制（ES）、安全规制（AS）、营养规制（FS）、健康规制（HS）、社会经济问题规制（SS）5 个方面进行评估，最终计算转基因技术应用的社会规制的综合得分，$A1$ 表示规制指标的重要性，赋值为 0—4；$A2$ 表示效果的变化幅度，赋值 -2—$+2$；$B1$ 表示敏感性；$B2$ 表示可逆性；$B3$ 表示协同性，具体指标含义见表 7-1。

表 7-1 　　　　　　　　　　RIAM 模型变量的选取与赋值

指标	赋值	具体解释
A1. 重要性	4	对全球范围内具有重要影响
	3	对某一个国家范围内具有重要影响
	2	对某一部分地区有重要影响
	1	只对某一行业有重要影响
	0	影响重要设备
A2. 效果变化幅度	+2	显著正向影响
	+1	改善状况
	0	没有变化
	-1	负面影响
	-2	显著负面影响
B1. 敏感性	3	在新的环境下极具敏感
	2	在新的环境下敏感
	1	在新的环境下不敏感
B2. 可逆性	3	影响周围环境，持续 10 年以上
	2	在一定程度上影响环境，但是很快恢复
	1	没有变化

续表

指标	赋值	具体解释
	3	有明显的累积或协同效应
B3. 协同性	2	在一定程度上有累积或协同效应
	1	没有协同效应
	1	一定发生
	0.93	几乎确定
	0.75	很有可能
P. 发生概率	0.50	偶然发生
	0.30	可能不会发生
	0.07	几乎不发生
	0	不可能发生

注："发生概率"的判别标准来源于"words of estimated Probability"，http: //en. wikipe-dia. org/wiki/Words_ of_ Estimative_ Probability#cite_ note – CIAKent56 – 1。

但是，这个基本公式在成本—收益分析过程中未考虑概率发生这一指标会导致结果的不准确性，因为风险的发生可能导致规制结果从正面作用到负面作用的不同量级。因此，在研究农业转基因技术应用社会规制的绩效评估过程中必须考虑风险可能发生的概率这一指标，改进的 RIAM 模型参见本书第一章第一节有关内容。

本部分以转基因水稻应用社会规制为研究对象，构建社会规制绩效评价指标体系，并运用 RIAM 模型对我国转基因水稻应用社会规制进行绩效评估。

社会规制政策本身的合理性决定了规制能否有效执行，能否取得预期目标（朱美丽，2014）。规制合理性的基本准则包括：（1）追求公共利益准则。转基因技术应用社会规制涉及 3 个行为主体，即规制者、被规制者和规制受益者，应满足各主体的利益诉求。（2）增加社会福利原则。社会规制政策实施后应提高社会福利。（3）合法性原则。规制政策的制定应该符合法律程序，规制手段保证依据法规规定。

在食用安全评价过程中，评价内容主要包括营养学、毒理学和过敏性评价等部分；在转基因作物生态环境安全评价过程中，包括生存竞争能力、基因漂移的环境影响、转基因作物的功能效率评价、对非靶标生物的影响、对生态系统群落结构和有害生物地位演化的影响、靶标生物的抗性风险等方面。[①]

RIAM 模型的绩效评估分析过程中涉及生态环境规制、安全规制、营养规制、健康规制和社会经济问题规制 5 个规制指标下所属的 21 个指标的得分，需要专家打分。数据来源于生物技术应用科研机构和研究者，包括中国农业大学生物学院、食品学院和经济管理学院，华中农业大学经济管理学院，甘肃农业大学生命科学技术学院以及中国农业科学院生物技术研究所、植保协会等从事生物技术研究专家的 38 份有效调查问卷和深度访谈，选取的专家对当前我国农业转基因技术应用的社会规制有深刻的了解，能够保障数据的准确性。

本书结合转基因生物的一般特性和转基因水稻的自身特点，将转基因水稻技术应用的社会规制绩效评估体系由生态环境规制、安全规制、营养规制、健康规制和社会经济问题规制 5 个一级指标以及各自下属的 21 个二级指标组成，具体如表 7 - 2 所示。

表 7 - 2　　转基因水稻技术应用社会规制的绩效评估指标体系

一级指标	二级指标	负向效应	正向效应
生态环境规制	对土壤生态系统的影响	Bt 蛋白在土壤中保持一定的抗虫性	效率提高减少土地投入
	杂草化程度	杂草对除草剂产生抗性	环保除草剂使杂草变为耐除草剂型
	对物种的侵略性	增加环境适应性	减少环境适应性
	对非靶标生物的影响	增加害虫数量	转抗虫基因（Bt，CpTI）水稻减少化学杀虫剂
	是否引起外源基因逃逸	外源基因逃逸导致杂草丛生	外源基因逃逸减少杂草
	对生物多样性的影响	失去生物多样性	增加生物多样性

———————

① 资料来源于《农业转基因生物安全管理条例》。

续表

一级指标	二级指标	负向效应	正向效应
安全规制	对农作物产量的影响	减少作物产量	增加作物产量
	作物抗逆性问题	未出现预期效果	抗性导致作物的边际产量增加
	作物毒性问题	抗性被打破，产生新的病毒	抗虫性增加导致作物产量增加
营养规制	作物抗毒性问题	毒性增加导致更多的负面影响	毒性减少降低负面影响
	对营养价值的影响	改变营养摄入导致负面影响	改变营养不良
	微生物安全性问题	增加病原体危害	延长真菌和病原体的寿命
	食品加工问题	弱化加工处理	强化加工处理
健康规制	对抗生素的抗性影响	降低抗生素疗效	
	农场工人有毒农药的摄入	减少喷洒有毒抗虫剂和除草剂	
	消费者的知情权	减少消费者选择，不予知情权	增加消费者知情权
社会经济问题规制	水稻的耕作制度和管理方式		减少耕作时间
	农民的收入	种子成本高降低潜在收入	性能好的种子增加收入水平
	对贸易进口的影响	对转基因生物的偏见影响进出口	增加产量导致更高的出口潜力
	知识产权问题	知识产权损失危害社会稳定	
	社会伦理道德问题	克隆问题、受试对象权益问题等	

注：笔者根据《我国转基因水稻商品化应用的潜在环境生物安全问题》等文件归纳总结。

第三节　转基因水稻社会规制
绩效评估结果分析

　　统计整理 38 份专家对转基因水稻社会规制绩效评估的数据结果，对转基因水稻社会规制进行 RIAM 模型的成本收益分析，21 个指标中 14 项指标显著，根据加权平均法得到转基因水稻社会规制绩效评估结果（见表 7 - 3 和图 7 - 1）。根据 RIAM 模型可知，社会规制绩效综合得分 RBS 的变化范围在 - 72—72，得分越高表明我国转基因水稻的社会规制绩效水平越高；反之则越低。由表 7 - 3 结果可知，我国转基因水稻社会规制的绩效评估综合得分为 18.7 分，远小于最高上限 72 分，表明我国转基因水稻的规制绩效水平并不高，和我们所预期的社会性规制绩效仍有很大差距，社会性规制存在严重的规制政策缺失。

表 7 - 3　　　　　　转基因水稻的社会规制绩效评估结果

评价指标	A1	A2	B1	B2	B3	P	得分
生态环境规制							
危害							
对非靶标生物的负面影响	3	- 1	1	2	2	0.30	- 4.5
对周围水稻的恶性侵略性	0	0	1	1	2	0	0.0
杂草化	1	0	1	2	2	0.50	0.0
收益							
减少农药使用	2	2	3	3	1	0.75	21.0
							ES = 8.3
安全规制							
危害							
害虫抗药性的发展	2	- 3	2	3	3	0.07	- 3.4
与传统水稻杂交	1	0	1	1	1	0.93	0.0
收益							
产量增加	3	2	1	1	1	0.75	13.5

续表

评价指标	A1	A2	B1	B2	B3	P	得分
							AS = 5.1
营养规制							
危害							
过敏反应	1	−2	2	2	1	0.07	−0.7
毒性	3	−3	2	1	3	0	0.0
营养价值改变	3	−1	2	2	1	0.07	−1.1
收益							
霉菌毒素减少	3	2	1	1	1	0.50	9.0
							FS = 2.4
健康规制							
危害							
降低抗生素疗效	2	−2	1	2	1	0.50	−0.8
收益							
减少农民接触农药	1	2	2	1	1	0.75	6.0
							HS = 2.6
社会经济问题规制							
危害							
对贸易的消极影响	1	0	1	1	1	0.75	0.0
知识产权损失危害	3	−1	2	1	1	0.75	−9.0
社会伦理道德方面危害	2	−1	2	2	1	0.50	−5.0
收益							
增加农民收入	2	2	1	1	2	0.93	14.9
							SS = 0.3
							RBS = 18.7

注：表中 A1、A2、A3、B1、B2、B3 和 P 的具体含义见附表 7 – 1。

其中，生态环境规制得分为 8.3 分，转基因技术对生态环境可能造成的潜在风险一直是全球重点关注的方面，我国政府更加重视生态环境方面的规制，因而生态环境规制的得分相比其余 4 项指标得分较高；安全规制得分为 5.1 分，营养规制为 2.4 分，健康规制得分为 2.6 分，健康规制和营养规制的得分较低，营养健康涉及整个人类的生命安全，在营养价值改变方面的得分为 −1.1 分，表明改善营养健康方面的效果不太明显。

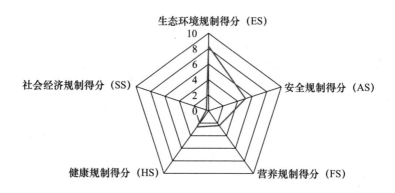

图7-1 转基因水稻社会规制绩效得分图示

社会经济问题规制得分最低，为0.3分，其中，以转基因技术的知识产权保护和社会伦理道德方面最低，表明我国现行的水稻风险评估机制中，公正且透明的决策体制、消费者参与和消费者权利保护等社会规制还不健全，设立独立的跨学科委员会调查和评估转基因作物商业化的社会影响相关政策和社会规制体系迫在眉睫。随着转基因生物领域竞争的加剧，我国政府需要不断加强对转基因领域的重视程度，采取更加积极的态度去开展相关工作。在生物技术领域，转基因作物及其食品安全性包括对人体和环境的安全两个方面是讨论最激烈的问题，生物技术研发投入多、易模仿的特点使生物技术的专利保护显得更为重要。农业生物技术保护仍然存在申请总量很少、覆盖范围小、技术含量偏低等问题（郑英宁等，2004），应从制度上鼓励企业知识产权，构建企业专利保护的基础和激励机制，覆盖从科研、实验、生产和销售等各环节的专利保护工作，推动企业自主知识产权保护并实现长远发展。

作为生物技术领域先导的农业转基因技术近年来发展十分迅速，并在研发领域取得了一系列的突破性进展，在解决人类面临的粮食安全、资源短缺、环境污染等问题显示出巨大的作用，但是，同时也引发了一系列经济和社会问题，我国应该如何抉择？与技术的迅猛发展相比，我国现有社会规制手段显得滞后和不足，我国应完善现有的社会规制以回应各方的利益诉求。

政府应从规制立法、规制原则和规制内容等方面努力，立法体系是保障规制决策有效运行的基石。具体而言，在现有农业转基因技术法规和安全管理理念的基础上，进一步增强规制决策的可行性，使农业转基因技术社会规制的政策效果达到最佳，满足规制者、被规制者和规制受益者等各主体的利益需求；构建资源拥有者与研发者共享专利机制，建议扩大我国转基因技术专利保护的客体，将专利法中的动物和植物品种纳入专利保护行列，把关注点倾向于重视农民利益，以权衡育种者和农民利益的均衡关系（华静等，2015）。

本章小结

本章以转基因水稻技术应用社会规制为研究对象，运用 RIAM 模型，从生态环境规制、安全规制、营养规制、健康规制和社会经济问题规制等方面对转基因技术应用社会规制进行绩效评估，得到以下结论：

第一，我国转基因水稻应用社会规制绩效评估综合得分为 18.7 分，远小于最高上限 72 分，表明我国转基因水稻的社会规制绩效水平仍然比较低，转基因技术应用社会性规制措施存在严重的规制缺失问题。

第二，在具体规制内容上，生态环境规制得分为 8.3 分，安全规制得分为 5.1 分，营养规制为 2.4 分，健康规制为 2.6 分，社会经济问题规制得分最低，为 0.3 分，其中，以转基因技术知识产权保护和社会伦理道德方面最低。

第三，政府应从规制立法、规制原则和规制内容等方面进行努力，细化农业转基因全产业链的规制立法，明确风险预防的原则并构建合理的公众参与机制，提高农业转基因技术应用社会规制的绩效水平。

第八章 农业转基因技术应用社会规制
体系的经验与启示

完善农业转基因技术应用社会规制体系是本书的落脚点,良好规制的有效运行可以保障将转基因技术应用的生态环境、健康和社会负面效应降到最小。本章在前面研究的基础上借鉴国外完善的农业转基因技术应用社会规制体系,结合转基因技术应用社会规制的影响因素和绩效评估,提出完善我国转基因技术应用社会规制框架体系的思考和启示。

第一节 社会规制体系的国际经验借鉴

由于各个国家之间的农业发展水平和文化背景的差异,各国的规制主体、管理理念、法规体系和管理机构、上市前安全评价和上市后的监管都存在很大的差异,本章以美国、欧盟和日本3个代表性国家为例,探讨农业转基因技术应用社会规制方面的经验借鉴。

一 生物安全政策模式

从各个国家转基因安全政策的运作模式特点及其可行性来看,谢里夫金和罗伯特(2001)从农业生物技术公共研究、知识产权、国际贸易以及消费者自主选择和技术安全角度,总结出4种不同的类型(见表8-1),分别是:①鼓励式,即鼓励加快转基因生物技术的应用;②禁止式,即从政策角度令行禁止;③允许式,即不加速也不放慢转基因技术的应用;④预警式,提出放慢转基因作物的发展速度。陆群峰和肖显静(2009)基于中国国情,以2001年作为分界线,把中国转基因生物安全政策模式的发展与转变分为两个时间节点:

1996—2001 年为允许式的农业转基因生物安全政策；21 世纪初以来，农业转基因生物安全政策在我国演变成了预警式。

表 8 - 1　　　　　转基因技术安全政策含义和风险评估

转基因生物安全政策	政策含义	政策合理性前提	潜在风险与收益评估
鼓励式	鼓励农业转基因技术研发和应用	农业转基因作物的商业化种植不产生风险	潜在较大风险
禁止式	完全阻塞和禁止转基因农作物技术应用	技术具有高风险水平、高发生率和严重危害程度	很难定量评估
允许式	既不打算加速也不放慢转基因作物技术应用	无特殊风险	事后补救不可行
预警式	放慢转基因作物发展	不确定潜在风险	兼顾风险与收益

　　美国实施实质等同原则（可靠科学原则），实行以产品管理为主的管理模式，该方法运用的基础在于认为转基因产品和非转基因产品并无本质性的区别，美国在转基因安全方面关注的对象只是食品本身，而不是转基因技术；欧盟采用了预警式原则，欧盟认为，转基因技术存在未知风险，因此，所有相关生物都需要经过严格的安全评价和监管；日本主要依靠从国外进口农产品，日本公众非常重视进口食品的安全性及潜在风险。因此，日本对转基因技术的发展既不鼓励也不抵制。

二　生物安全法律体系

　　在转基因作物商业化推广种植以前，农业转基因技术规制主要围绕实验室的安全操作管理事项进行。1986 年，美国颁布的《生物技术管理协调框架》是美国第一个生物技术安全管理的法规，它的诞生标志着美国转基因方面的监管体系有了基础框架。在转基因技术发展过程中，1996 年，该技术被大面积用于商业化种植，欧盟、日本等世界各国又相继制定关于转基因技术规制的专项法规，规制的内容更加全面，涉及研发、试验、生产、加工、流通及进出口等各个环节（见表 8 - 2）。

表 8 - 2　　　　世界主要国家对农业转基因技术及产品的规制

国家	规制执行部门	规制内容	相关法律
美国	农业部	植物、植物害虫、动物疫苗	植物保护法、肉类检查法、禽类产品检查法、蛋类产品检查法、病毒血清毒素检查法
	环境保护局	微生物或植物杀虫剂、其他有毒物质、微生物、动物制造的有毒物质	联邦杀虫剂、杀菌剂和杀鼠剂法、有毒物质控制法
	食品药品监督管理局	食品、动物饲料、食品添加剂、人和动物药品、人类疫苗、医疗设备转基因动物、化妆品	公共健康服务法、饮食健康和教育法,食品、药品和化妆品法,国家环境保护法
欧盟	欧盟委员会	转基因食品、动物饲料、种子和环境安全	欧共体第 90/220/EEC 号指令
		转基因食品的安全和标签问题	关于新食品和新食品成分管理条例
		环境释放风险评估、上市后强制性监测和风险管理	欧盟 2010/18/EC
		转基因饲料的标签制度	
日本	科学技术厅	重组 DNA 技术	
	通商产业省	GMO 和重组 DNA 在产业中的应用	
	农林水产省	GMO 环境释放	
	健康福利院	转基因食品的安全评估	
中国	国务院	生物安全	农业转基因生物安全管理条例
	农业部	安全评价、监督管理、体系建设、标准制定	农业转基因生物安全评价办法、农业转基因生物标识管理办法、农业转基因生物进口安全管理办法、农业转基因生物加工审批办法
	原国家质检总局	进出境转基因检验检疫	进出境转基因产品检验检疫管理办法

美国在监管转基因生物安全方面主要涉及 3 个机构，分别是：①农业部主要依托《植物保护法》，负责转基因生物的生态环境安全，监管转基因种植、进口转基因种子及活性繁殖材料；②环境保护局根据《联邦杀虫剂、杀菌剂和杀鼠剂法》，主要负责农药的生产、销售和运用；③食品药品监督管理局根据联邦法律法规对食品和药品的食用安全进行监督管理。

欧盟的法律规定框架涵盖了普通法规和专项法规两类：一类是普通法规。1990 年欧盟颁布《关于人为向环境释放（包括投放市场）转基因生物的指令》（欧共体第 90/220/EEC 号指令），该指令全面而详细地限定了允许转基因生物释放的环境，以及投放转基因产品到市场之前的风险评估和产品安全等方面。另一类是专项法规。欧盟 1997 年出台了《关于新食品和新食品成分管理条例》，对包含转基因生物成分的产品进行标志。欧洲食品安全局对转基因食品从农田到餐桌的整个过程实行全程监控，对转基因生物实施有效管理。

日本将生物安全管理分为实验室阶段的安全管理、环境安全评价、饲料安全评价和食用安全评价，进行规制的法律主要包括《日本卡塔赫纳法》《农产品标准化法》《食品卫生法饲料安全法》和《标识法》，涵盖实验安全、环境安全和食品安全三个方面。由文部省、农林水产省和厚生省分三个阶段管理，分别制定管理指南。在转基因标识管理上，日本农林水产省对玉米、大豆、油菜和甜菜等转基因作物原料进行表示，必须在包装上注明是否属于转基因食品。

三　上市前的安全评价

在自愿咨询转基因生物、食品方面，美国食品药品监督管理局建立了相关制度，规定转基因产品的安全问题将由技术研发者和生产者共同负责，研发者在完成自我评价后可向农业部申请上市前的咨询，针对转基因生物的遗传稳定性、营养和有毒物质的组成进行测评。安全性评价体系主要针对转基因生物被释放到生态环境中是否会存在潜在风险，对测评结果显示中潜在风险较低的转基因生物进行通知程序，潜在风险较高的则实施许可程序（李宁等，2010）。

欧盟对转基因食品实行风险评估，尤其是在进口环节和上市销售环节，且风险评估的周期较长。当申请人申请风险评估时，评估工作并不由成员国负责，而是统一由一个专门管理食品安全的部门（欧盟食品安全局）负责相应工作，在半年时间内需要把评估意见呈交给欧盟委员会和各成员国，最后由欧盟委员会做出批准或者拒绝的决定草案（吴振和顾宪红，2011）。日本根据转基因生物是否采取密闭措施而采用不同的规制，如果在使用转基因生物时不采取任何密闭措施，若想得到相关部门的批准，需要首先向其提出申请，并附带提交转基因生物风险评估报告；当转基因生物采取密闭措施时，须获得主管部门的许可。

四　上市后的监督管理

美国转基因生物监督管理责成专业部门负责，即农业部动植物检疫局，坚持以风险为基础，构建了涵盖执法、培训和文件材料保存等内容在内的监管体系。转基因作物的商业化种植在美国没有附加要求，除了药用工业用转基因植物，对用于药用和工业用的转基因生物必须进行规制，必须在严格的隔离条件下进行商业化生产种植（李宁等，2010）。同时，在转基因食品标志方面，美国采取自愿标志原则，美国的食品药品监督管理局对标志的准确性进行监管，不能标志错误，要保障标志的真实性和准确性。

相对于美国宽松的管理方式，欧盟对实施过程监管，除在市场销售过程中要对该类产品进行强制标志外，其他产品只要含有转基因的成分，且含量高于0.9%时，必须对其进行标志。日本采用两种管理转基因产品对外销售的标志模式：一种是强制，另一种则为自愿，且不得在非转基因产品上标注非转基因的字样，不能在标志方面区别对待转基因食品和非转基因食品。当食品中转基因成分高于5%时必须进行强制性标志。日本建立了一整套完整的转基因产品监督检查机制，涵盖转基因产品从无到有的各个环节（Gruere，2007；吴振和顾宪红，2011）。

第二节　国外经验对中国农业转基因技术应用社会规制体系的启示

通过以上典型代表性国家针对生物技术安全管理的介绍，对我国完善转基因技术社会规制体系（见图 8 – 1）具有重要的启示。

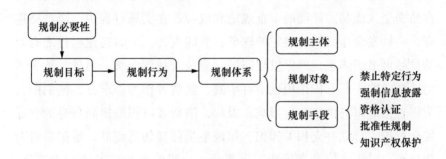

图 8 – 1　农业转基因技术应用社会规制体系

一　增强相关法规的可操作性

与美国、欧盟和日本等国家相比，我国目前关于农业转基因生物管理的法规体系原则性比较强，规定过于笼统，没有具体的操作指南和方法，没有及时顺应时代变化，及时规范新出现的新品种，因此，应加强转基因生物安全评价和监管的要求，完善操作标准，增强法规的可操作性。

在食品可追溯体系上，我国目前存在的问题较多，如标签格式混乱、格式不准确、用词不规范等问题，应该加大重点领域的监管力度，定期清除不合规的产品，应把追溯信息标注在标签上，保障转基因食品的正确标志，鼓励食品经营者对索证、索票和进货账单实施电子档案管理，便于工商部门和消费者发现问题食品以后能够及时锁定和追根溯源，这样，相关法规具体可行，有据可依，同时也保障了消费者购买食品的知情权。

二 强化利益相关主体的利益协调

政府在转基因技术产业链各个环节中起到宏观调控作用，应构建涵盖科研机构、农户、企业和消费者等多方利益主体共同参与的管理体系。该体系以政府为主，根据其应有的职能，可以对转基因产品进行标志审核、缔造产品追溯体系，以研发人员行业自律、消费者积极参与监督和生产者自我监管为辅；同时，针对科研环节的操作与管理，政府部门应严格监管，禁止有害生物技术应用的研究行为，同时禁止未经过风险安全评估的新品种和新物种投入市场；政府部门应对食品安全认证制定详细的审批规定和流程，在实施过程中，应严格遵守，一旦发现违反相关规定的现象，立即查处，从而构建起行之有效的食品可追溯体系，确保发现问题时能及时找到源头。另外，消费者的选择、购买、宣传作用也不可小觑，消费者作为需求方，他们的行为将直接对市场供给产生影响，因此，消费者应积极提高自身的食品安全意识，自觉补充相关知识。积极举报假冒伪劣商品，维护自身合法权利，对不法生产者形成一种震慑力，影响着生产者的行为选择。拓宽公众风险交流的途径，加强转基因技术研发人员的培训力度，增强研发人员的综合素质水平。尤其是在风险评估和风险管理过程中，增大利益相关方的参与程度，转基因食品安全规制政策和立法的调整应在综合考量各个利害相关者利益的基础上，增强研发主体和公众自觉维权的意识，营造良好的社会氛围。

三 明确各部门的职能分工

建议参考借鉴美国、日本、欧盟国家关于转基因技术规制主管部门各司其职的经验，虽然都是多个部门共同管理，但是，各个部门之间分工明确又相互协调。而我国当前的社会规制下，容易出现职责的重复和空白，应该设立专门的监管机构，负责一些特殊问题，明确规定各部门的分工并积极协调各个部门的具体工作，以保障转基因食品的安全性。

在明确各监管部门职能的基础上，建立完善的风险信息交流机制。信息获取渠道是影响农业转基因技术应用社会规制的一个关键因素，一方面，应该拓宽信息传播渠道，及时过滤发布的错误信息。另一方面，应该加强各利益相关主体之间的风险交流，从明确风险交流目标、建立风险交流协调框架、构建信息公开和信息检测平台等方面予以加强。界定可公布和需要保密的政务信息，通过电子渠道及时公布可以公布的信息，进一步健全我国农业转基因技术安全管理的信息公开机制。

四 增强消费者的维权意识

将公众关注与监督纳入转基因技术应用社会规制的决策机制，确定公众参与规制的权利、方式和具体流程，丰富公众参与转基因技术安全管理的渠道和方式。按照参与强度的不同，构建不同的公众参与决策方式，并完善公众监督的立法政策，创建违规转基因食品举报制度，增强公众的监督和关注意识，为保护举报人的私人信息，应健全举报人保护机制，并适当给予奖励，激励公众广泛参与的积极性。遵循市场经济规律，发挥市场机制作用，构建准确快捷的信息公开平台，使诚信成为市场信息的信号，引导理性的生产要素流转和消费行为选择，营造消费者信任的健康产业，规制者应组织专项宣传活动，围绕食品安全法律法规、安全标准、工艺技术、消费常识等主题普及食品安全科普知识，增强消费者食品安全知识和维权意识。让消费者掌握简单的食品安全识别方法，提高消费者购买食品的选择能力；同时就生产者展开相关知识的业务培训，内容可涵盖我国现行食品安全常识、法律知识、生产规范等，减少企业生产成本。

五 加大违规惩罚力度

消费者对食品的安全信息主要来源于生产者发布的认证信息和广告、包装等，但是，滥用安全标志的现象普遍存在，消费者和生产者之间的信息不对称存在于食品供应链整个过程，政府应对食品进行信息披露和可追溯跟踪；政府安全监管属于高成本类型，以至于监管机构对食品违法犯罪行为的默许或疏于打击，应从增加政府监管收益、降低政府监管成本、加大对违法企业的惩处力度等方面解决我国食品安全的监管问题；若科研机构不按照规定进行科学研究，造成自然基因库的污染、基因从实验室的意外逃逸或者新品种的非法种植，政府应加强监管力度，加大惩戒力度，禁止某种生物技术应用研究以及有害的生物技术应用研究行为，从而有效地保障我国生物技术的安全性和科学性。

本章小结

本章借鉴国外完善的社会规制体系，并结合转基因技术应用社会规制的影响因素和绩效评估，提出完善我国转基因技术应用社会规制框架体系的启示，得出结论如下：

第一，美国、欧盟和日本的农业转基因技术社会规制体系在规制主体、管理理念、法规体系和管理机构、上市前安全评价以及上市后的监管等方面较为完备，为完善我国社会规制的框架体系提供了启示。

第二，政府可以通过增强农业转基因技术相关法规的可操作性、加大利益相关者的参与程度和明确规制部门的分工等方面来完善中国农业转基因技术应用社会规制体系。也就是说，应在安全评价和监管的要求和标准方面加强转基因生物管理，在风险评估和风险管理过程中增大利益相关方的参与程度，并且保障多部门分工明确且协调配合，共同规制转基因技术及产品。

第九章　主要结论与政策建议

本书从社会认知角度出发，剖析利益相关主体的认知行为对社会规制影响路径，进一步完善农业转基因技术应用社会规制框架体系。为实现这一目标，本书从供需两方面归纳整理农业转基因技术应用社会规制现状，阐述社会规制的必要性；基于实地调研数据，分析主要利益相关者对农业转基因技术应用的认知水平和行为态度及其驱动因素；剖析农业转基因技术社会规制中各利益相关主体之间利益协调的行为过程，并探究利益主体的认知行为对转基因技术及应用的社会规制的影响机制和影响路径；结合社会规制的绩效评估，提出完善中国农业转基因技术应用社会规制的思路和方向。本章对全书主要研究结论进行了归纳和总结，在此基础上提出政策建议，并指出本书研究的不足以及有待于进一步研究问题。

第一节　主要结论

第一，转基因技术应用社会规制的供求矛盾突出，转基因产品安全的复杂性和不确定性、转基因产品市场的市场失灵使完善农业转基因技术应用社会规制迫在眉睫。

第二，不同利益相关主体对转基因技术及产品的认知不全面，行为态度存在差异。各主体对转基因技术的认知水平存在差异，城市消费者的认知水平普遍高于农村消费者；大多数企业认为，生产转基因技术产品能给企业带来较大的利润；科研机构工作者熟悉转基因技术潜在的优势和风险；政府工作人员对当前我国转基因技术规制的法规并不是很熟悉，认知程度还比较低。

（1）对于消费者对转基因食品的认知水平，调查问卷中问及"是否了解转基因产品"，48.8%的被访者表示经常听说转基因产品并不了解，仅1.9%的消费者表示对转基因产品一无所知，本书综合考虑转基因食品听说程度、转基因产品认知数量、转基因作物优势及潜在风险和生物知识了解程度4项指标，运用主成分分析法，抽取到衡量消费者对转基因食品认知程度的关键因子，并计算认知水平得分。农村消费者的平均认知水平得分为4.57分，城市消费者的平均认知水平为5.55分，总的来说，城市消费者对转基因食品的认知水平普遍高于农村消费者。当被问及"您能接受转基因食品出现在日常生活中吗?"42.3%的被访者表示不能接受，34.3%的消费者表示可以接受转基因食品，剩余23.4%的消费者表示并不确定。且消费者的风险认知、收益认知和消费者对政府部门的信任程度、消费者对转基因食品的听说程度、消费者获取转基因技术及产品信息的渠道和消费者自身禀赋特征均影响自身的购买意愿。

（2）农户对转基因作物认知水平的平均得分为4.57分，最低得分为1.04分，最高得分为7.63分，其中，13.7%的农户态度比较坚决，选择绝不种植转基因作物；23.3%的农户选择暂时不想种植转基因作物；40.0%的农户有较强的转基因作物种植意愿；23.0%的农户采取观望态度。户主受教育程度、家庭常住人口数、农作物种植面积、对转基因作物收益的预期、对环境的态度、对转基因作物安全的感知、对政府部门的信任程度、通过媒介获取转基因作物信息的频率、与相邻农户讨论的频率以及信息来源于相邻农户交流均对农户对转基因作物的种植意愿有显著影响，且农户的种植决策行为呈现空间依赖性。

（3）22家企业听说过我国转基因产品管理的政策法规，但是，仅有4家能够准确地说出我国目前实施的政策法规。52家企业认为，生产转基因技术的产品能给企业带来较大的利润，进一步认为，提高消费者对新产品的认知程度能够给企业生产销售新产品带来利润。

（4）被访问的科研机构工作者全部听说过转基因产品，而且熟悉转基因技术潜在的优势和风险。科研机构研究人员对转基因产品的态度较为积极，60.5%的人认为，转基因产品利大于弊，34.2%的人则持相反的态度，但对转基因技术监管的政策法规并不了解。

（5）被访问的政府工作人员全部听说过转基因技术及转基因食品，熟悉中国当前允许大面积推广种植的转基因作物，但对当前我国转基因技术规制的法规并不是很熟悉，认知程度还比较低。

第三，根据认知行为及态度可以将利益相关主体分为三类：①消费者群体，他们对转基因技术和产品有所顾虑，持消极态度；②科研机构和企业，他们对转基因技术的潜在收益认知和接受度较高，对当前转基因技术的发展持积极的态度；③政府工作人员，他们对转基因技术的认知水平较高，但是，对转基因产品的态度并不明显，持观望态度。

第四，规制者、被规制者和规制受益者等主体之间的利益协调是农业转基因技术应用社会规制的关键。在转基因技术社会规制的博弈中，存在规制者、生产者、消费者、科研机构等主体。基于信号传递博弈模型，探索性地引入消费者主体，构建政府部门、企业和消费者三方动态博弈模型，政府在消费者参与后，监督力度会增加，监督成本也会增加；消费者参与将导致政府进行严格监管，企业必须生产高合格率的产品，生产成本增加。从个体福利和社会福利来看，政府的经济收益从长远来看会增加，社会总收益的增加大于总成本的增加。也就是说，随着消费者关注的增加，社会总体福利增加，消费者起到了较好的监督作用，规制者的监管力度增强，生产者的"寻租"行为减少。

第五，转基因技术认知行为对转基因技术应用社会规制有正向影响。转基因技术应用的认知与规制之间相互影响：认知是规制的前提和基础，转基因技术应用社会规制是认知有效需求的具体体现。以消费者为例，当政府对农业转基因技术产业链进行规制并规范各利益主体的行为时，由于社会规制的外生性很强，有效的规制手段、科学的规制政策和良好的社会规制效果能够改善公众对转基因食品和相关政策的认知程度。也就是说，良好的社会规制，通过公众对规制部门的信任而改变其认知。同时，政府在制定决策时必须考虑消费者的知情权和选择权，公众的认知反过来也会在一定程度上影响了农业转基因技术应用社会规制。

运用结构方程模型得到消费者认知对转基因技术应用社会规制的标准化路径系数为 0.368，表明转基因技术认知对社会规制有显著正影响。转基因食品听说程度、转基因产品认知数量、转基因作物优势及潜在风险和生物知识了解程度等变量均正向影响消费者的认知水平；政府监管职能发挥、质量安全认证和转基因技术风险评价对转基因技术应用社会规制产生正向影响。

第六，政府在制定农业转基因技术应用的规制政策时，应结合各主体对转基因技术的认知行为和态度，必须把各利益相关者的认知行为纳入考虑中。从消费者角度出发，消费者对转基因食品的态度与自身认知水平有直接关系，而且对当前转基因食品的标志政策并不了解，加强转基因生物知识科学普及推广、建立转基因信息公开和决策平台是当务之急；从生产者角度出发，农户的文化程度和经济水平影响转基因技术的选择，应加强转基因技术研发；从企业角度出发，应该制定适宜的投资政策，以补贴的形式保护生物技术的研发；从研究机构角度出发，应加大核心型和创新型转基因技术专利的研究，加强从研发、试验到推广以至全产业链的发展及科研团队人才建设，凸显科研投入的规模效应和集聚效应。

第七，影响转基因技术应用社会规制的关键因素依次为收入、企业销售利润、科研能力、信息获取渠道和技术成果商品化程度等。收入、科研能力、受教育程度和资金投入程度是转基因技术应用社会规制的原因因素，在这些关键因素中，公众的收入水平是影响社会规制的最根本原因，其次是科研机构的科研能力；涉及转基因业务程度、新产品的投资量、对人类健康影响程度、技术成果商品化程度、信息获取渠道和企业销售利润是结果因素。

第八，中国转基因水稻的社会规制绩效水平较低，农业转基因技术应用的规制措施存在严重的缺失问题。结合转基因生物的一般特性和转基因水稻的自身特点，从生态环境规制、安全规制、营养规制、健康规制和社会经济问题规制 5 个方面构建转基因水稻社会规制的绩效评估体系，根据加权平均法得到转基因水稻现有社会规制的绩效评估结果。根据 RIAM 模型可知，社会规制绩效综合得分的变化范围在 −72—72，得分越高表明我国转基因水稻的社会规制绩效水平越高；反之则越低。我国转基因水稻社会规制的绩效评估综合得分为 18.7 分，远小于最高上限 72 分，表明我国转基因水稻的社会规制绩效水平仍然比较低，农业转基因技术应用的社会规制存在严重的规制缺失问题。

第九，完善农业转基因技术应用社会规制体系可以从社会规制立法、社会规制原则和社会规制内容等方面考虑。

第二节　政策建议

作为生物技术领域先导的转基因技术近年来发展十分迅速，农业转基因生物研发取得了一系列的突破性进展，在解决人类面临的粮食安全、资源短缺、环境污染等问题方面显示出巨大的作用，但是，同时引发了一系列经济和社会问题。与技术的迅猛发展相比，我国现有社会规制手段显得滞后和不足，我国应完善现有的社会规制以回应各方的利益诉求。通过梳理上述研究的结论，从社会规制立法、规制原则、规制内容等方面得到以下完善农业转基因技术应用社会规制的政策建议：

一　完善转基因全产业链的社会规制立法

通过借鉴美国、日本和欧盟完善的农业转基因技术社会规制的框架体系，可知法律是保障规制决策有效运行的基石。具体而言，在现有农业转基因技术的法规和安全管理理念的基础上，进一步细化农业转基因全产业链的规制立法，增强规制决策的可行性，使农业转基因技术应用社会规制的政策效果达到最佳，满足规制者、被规制者和规制受益者等各主体的利益需求。一是研发环节立法。应对农业转基因技术本身的研发原则、研发范围、研发管理体制、研发主体、技术转移管理以及研发的风险管理等做出明确规定。二是转基因产品立法。

应对转基因产品的中间试验、商品化准入规定、生产者的资质要求、安全评价、流通环节管理、转基因产品标志和进出口贸易管理等流程做出明确规定。其中，在监管方面，当前各部门各司其职，农业部主要负责农业转基因生物的监管，卫生计生委负责转基因食品，当涉及转基因食品的进出口流通时，检验检疫部门负责，但是，在这种规定下容易出现职责的重复和空白，中国应该设立专门的监管机构负责一些特殊问题，以保障转基因食品的安全性。在标志管理方面，我国现有的标志管理办法中没有对转基因成分的最低比例进行规定，目前对5类17种产品进行强制性标志，任何微小的含量都应贴标签，这种规定过于苛刻，这种情况下容易激发市场上非转基因食品的标志。我国应该选定一个合理的阈值进行标志，并对标志进行规范管理，实现产业链的安全可追溯。三是法律救济制度。当生产者或者经营者违反转基因食品安全管理的规定时，政府应加大对生产者的惩罚力度，保障消费者有权索要赔偿金。可以对进入市场的生产商和经营商征缴费用，降低转基因食品的经营风险。

二　明确以风险预防和风险交流为核心的规制原则

转基因技术应用社会规制的重要内容是对其应用进行科学的风险评价，识别其优势和潜在风险。同时要考虑转基因技术可能带来的经济效益、社会效益以及在发展中不能被忽视的潜在风险，当前公众对转基因技术的认知并不全面，对人体健康和生态环境的潜在风险表示担忧。政府作为转基因技术的规制者，它的主要职责就是在一定程度上降低负外部性的影响。有效的风险预防方案能够最大限度地降低由于潜在风险造成的危害，进而表现在巨大的成本支出上。反过来说，积极的预防原则能够提高社会的总体福利（徐进，2009），风险预防是应对当前争论行之有效的正确选择。提前对潜在风险进行评估，对可能引发的危害进行预警，对不能避免的损害及时进行补救（李昱，2011）。风险预防原则难以实施的原因之一是缺乏可执行的标准，因此，应该完善列表制度，通过列表明确区分哪些行为是可为的以及哪些行为是不可为的，并且通过不断地调整和修改附件，使立法技术更为完善。建议在制定规制决策时，采用以风险预防为核心的听证制度，规制者要广泛地听取听证中的意见和建议，保障更加安全审慎合理地运用转基因技术。

参考国际上较为完善的转基因技术风险评价体系，统筹考虑多方利益相关主体的行为态度，建立适合我国国情的风险评价标准和模式，在技术上保障规制的有序施行。转基因技术的发展面临诸多复杂的现实问题，公众的认知和态度便是其中一个重要因素（展进涛，2015），构建有效的转基因生物安全风险交流机制很有必要。刘培磊（2011）指出，中国转基因风险交流存在的不足主要体现在风险交流工作缺失、信息公开程度较低、风险交流方式和内容单调，建议从明确风险交流目标、建立风险交流协调框架、构建信息公开和信息检测平台等方面加强转基因风险交流。

三　健全转基因技术知识产权保护机制

构建资源拥有者与研发者共享专利机制，建议扩大我国转基因技术专利保护的客体，将专利法中的动物和植物品种纳入专利保护行列，把关注点倾向于重视农民利益，以权衡育种者和农民利益的均衡关系。同专利强国相比，中国的核心专利质量较低，同时我国缺乏对生物技术专利的保护，我国应尽快根据我国的实际国情，参照美国、日本和欧洲地区的做法，建立我国对转基因生物的专利保护制度，加大转基因生物的专利保护力度。

美国专利局有关动植物品种的《生物技术专利保护法》和《欧盟理事会指导》对动物和植物专利保护都予以肯定，解决转基因动植物能否被专利保护的最有效方法就是重新定义动植物品种的概念，有限地增大专利权保护客体范围，建议将现有的专利保护客体（动物和植物品种）改为通过传统生物学方法得到的动物和植物品种，以保护现有法律的严谨性。

部分发达国家凭借专业技术优势，大量免费或者低价利用甚至"盗取"其他国家的遗传资源，给发展中国家带来了威胁和灾难。中国不但应该构建和完善生物基因库，提高生物技术研发能力，而且应该完善相关的法律法规。此外，我国现行《专利法》没有对间接侵权行为加以规定，应在规制立法中增加资源间接侵权的惩罚力度和具体实施方案，最大限度地维护了遗传资源来源国的利益。

四 提高利益主体对转基因技术的认知水平

消费者、农户、生物企业、科研机构和政府部门等不同利益相关主体对转基因技术及产品的认知不全面且行为态度存在差异，如农村消费者的认知水平明显低于城市消费者；科研机构工作者虽然熟悉转基因技术潜在的优势和风险，但是，仅 10.5% 的科研人才比较熟悉转基因产品的规制制度；政府工作人员对当前我国农业转基因技术规制的法规并不是很熟悉，认知程度还比较低。基于各个主体的认知行为，提高各主体关于转基因作物的安全性定论、对环境和健康的影响以及研发、试验、生产和食品标志等方面的认知水平，对于进一步完善农业转基因技术应用的社会规制框架体系有重要意义。

转基因技术的安全管理工作比较复杂，对该领域的专业知识要求较高，消费者很难仅从外表直观地识别转基因食品的安全性。中国要以发达国家公众交流的机制为经验，广泛参与转基因技术的安全管理规制程序中，各主体之间进行广泛的风险交流，政府部门要正确引导公众学习转基因技术相关知识的途径，积极回应社会关切，提升各主体对转基因技术的认知程度，让各主体能够科学客观地了解转基因技术。

广泛地拓展转基因技术科普宣传途径，充分利用学会和协会等平台，以报纸、期刊和互联网等方式，向各利益相关主体传播安全性定论、优势和潜在风险问题、商业化的作物以及转基因技术关于研发、试验、加工、经营和标志管理制度等安全管理和监管政策法规，让各主体了解转基因技术的安全性和转基因食品标志的作用。

五 构建合理的多元参与机制

政府在制定农业转基因技术应用的规制政策时，应结合各主体对转基因技术的认知行为和态度，将公众关注与监督纳入转基因技术社会规制的决策机制，确定公众参与规制的方式和具体流程，将转基因技术的政务信息界定为涉密信息范围和可公开信息范围，主动公开可公开的政务信息。赋予社会舆论监督的地位，创新互联网监督与举报形式，在监督过程中，保护举报人的私人信息，并给予一定的奖励激励。此外，为了保障决策的公开性和客观性，建议鼓励多领域专家参与决策，在适当的时机，扩大对重大问题的技术研讨、咨询专家人员范围，建立过渡到建立多元参与决策的机制（巩前文，2012）。发挥主流媒体和政府公共信息宣传的主导作用，将转基因技术知识系统地纳入教育、培训、科普、宣传体系中，引导公众以科学的态度对待转基因技术及其产品的安全问题，形成合理的多方参与机制。

第三节　有待于进一步研究的问题

信息传播不当和风险交流障碍是导致农业转基因技术应用社会规制中的利益相关主体认知水平不高的诱因，从而进一步影响转基因技术的社会规制效果。从各利益相关主体的风险交流角度出发，探讨农业转基因技术应用社会规制中风险交流的主体关系、交流方式和交流策略，进而寻求各主体之间有效的风险交流方式，这是今后需要研究的问题；媒体和非政府组织对转基因技术信息的传播也会影响转基因技术应用社会规制，在探讨影响各利益主体对转基因技术应用的认知和态度时，研究这两种行为主体参与的利益相关机制也是今后研究的一个重点问题；将书中涉及的转基因食品进一步细化到具体食品也是需要进一步研究的问题。

在运用空间杜宾模型检验农户对转基因作物种植意愿空间依赖性的研究中，受限于本书收集的数据，选用的模型具有一定的局限性，但是，在常见的空间计量模型中，SDM 不仅考虑了被解释变量的空间相关性，也同时考虑了解释变量的空间相关性，在目前成熟的空间模型中，较为适用本书的研究内容，这一问题有待在今后的研究中进一步完善；在研究农户转基因作物的种植意愿模型里，模型中涉及对政府部门的信任程度这一个变量，已有的诸多文献均表明，对政府部门的信任程度对消费者转基因食品的态度有正相关关系，本书借鉴了已有文献中对政府部门的信任程度的指标选取方法，具有一定的可行性，但是，忽略了对政府部门的信任程度可能存在的内生性问题，这是本书的不足，有待于进一步进行检验完善。

附　录

附录1　转基因技术应用的社会认知与
规制问题研究问卷（消费者）

您好！我是中国农业大学经济管理学院的在读博士生。本问卷旨在了解消费者对转基因技术应用的认知水平和对相关规制的了解情况，本调查采用匿名方式，我们会保护您的私人信息。此次调研的数据仅用于撰写学术论文，感谢您的大力支持！

"生物技术应用的社会规制问题研究"课题组

一　被访者的基本信息

1. 您的性别：_____

A. 男　B. 女

2. 您的年龄：_____

3. 您的最高学历：_____

A. 小学及以下　B. 初中　C. 高中或中专　D. 大专　E. 本科

F. 硕士及以上

4. 您目前从事的职业：_____

A. 政府机关及事业单位工作人员　　B. 公司工作人员

C. 个体工商人员　　D. 医生、教师和科技人员　　E. 学生

F. 退休人员　G. 无业失业人员　H. 其他_____（请注明）

与转基因技术是否相关：_____

A. 毫不相关　　B. 有一点相关　　C. 密切相关

5. 家人数量（目前经常与您住在一起的亲人，包含您本人）_____人

A. 1人　　B. 2人　　C. 3人　　D. 4人　　E. 5人及以上

是否有6岁以下的孩子？_____

A. 没有　B. 有

是否有60岁及以上的老人？_____

A. 没有　B. 有

_____是家中主要食品的购买者和决策者？

A. 自己　　B. 配偶　　C. 家中老人　　D. 谁买谁定

6. 您觉得自身健康状况怎么样？_____

A. 非常差　B. 比较差　C. 一般　D. 比较好　E. 非常好

7. 您的家庭月收入是多少？_____

A. 3000元及以下　　B. 3001—5000元　　C. 5001—7000元

D. 7001—10000元　　E. 10001—14000元　　F. 14001—18000元

G. 18001—24000元　　　H. 24000元以上

二　对转基因技术常识的认知水平

1. 孩子的性别由父亲的基因决定。（判断正误）_____

A. 不对　　B. 对　　C. 不知道

2. 转基因大豆中含有基因，但是普通大豆中不含。_____

A. 不对　　B. 对　　C. 不知道

3. 一个人吃了转基因水果，他的基因就会发生变化。_____

A. 不对　　B. 对　　C. 不知道

4. 把动物基因转入植物基因是不可能的。_____

A. 不对　　B. 对　　C. 不知道

5. 把鱼基因导入番茄中培育出的转基因番茄会有鱼腥味。_____

A. 不对　　B. 对　　C. 不知道

6. 您是否听说过生物技术、基因、杂交这样的名词？_____

A. 从未听说　B. 只听过一两次　C. 偶尔听说　D. 经常听说

三 对转基因技术应用的认知情况

1. 您在日常生活中听说过转基因作物或者转基因食品吗？ _____

A. 从未听说　B. 只听过一两次　C. 偶尔听说　D. 经常听说

2. 您从哪种途径了解到转基因作物或者转基因食品？ （可多选） _____

A. 电视、广播　　　　　　　　B. 书籍、报纸杂志

C. 互联网、微博、微信、QQ 等　D. 亲戚朋友

E. 学校课堂　　　　　　　　　F. 其他_____

3. 您知道目前国内市场上的转基因产品有哪些吗？（可多选） _____

A. 大豆及豆制品①　B. 木瓜　C. 玉米　D. 油菜　E. 大米

F. 番茄　G. 土豆　H. 甜菜　I. 大豆油　J. 棉籽油　K. 棉花

L. 上述都没有　M. 不知道　N. 其他_____

4. 您认为转基因产品②有哪些优点？（可多选） _____

A. 产量增加　B. 价格低　C. 增加营养　D. 改善口味

E. 增加产品种类　F. 耐贮性，延长保鲜期　G. 不清楚

H. 没有以上任何优点　I. 其他_____

5. 您认为转基因产品可能潜在哪些缺点？（可多选） _____

A. 破坏生物多样性和食物多样性

B. 污染非转基因作物，影响周边作物生长

C. 增强昆虫和病菌的抵抗力，加大害虫控制的难度

D. 使人产生过敏反应

E. 身体机能衰弱，引起疾病

F. 影响人类繁殖

G. 侵犯人类伦理道德

H. 不清楚

---

① 豆制品包括豆粉、豆浆、豆奶、豆腐、豆干、豆瓣酱、腐乳等。

② 此处转基因产品主要包括转基因农作物产品（转基因大豆、转基因玉米、木瓜等）和以转基因生物为原料加工生产的食品（植物油、豆制品等）。

I. 其他_____

6. 您认为转基因产品对人类健康的影响是？_____对生态环境的影响是？_____对伦理道德的影响是？_____您对转基因食品的总体评价是？_____

A. 弊大于利　　B. 利大于弊　　C. 没影响　　D. 不知道

7. 您认可转基因食品和传统食品一样安全这种说法吗？_____

A. 非常不同意　　　B. 不太同意　　　C. 基本同意

D. 比较同意　　　　E. 完全同意

8. 您能接受转基因产品出现在日常生活中吗？_____

A. 完全不能接受　　B. 不能接受　　C. 无所谓

D. 可以接受　　　　E. 完全可以接受

9. 您认为下列转基因产品①中比较能接受的有哪些？_____

A. 木瓜　B. 转基因大豆　C. 转基因猪肉　D. 转基因大米

E. 转基因番茄　F. 转基因土豆　G. 转基因茄子　H. 转基因鱼

I. 都能接受　J. 都不能接受　K. 不知道　L. 其他_____

10. 您买食品时，影响您做出选择的是食品的哪些方面？（可多选）_____，请排序_____

A. 营养价值　B. 价格　C. 质量　D. 食品外观　E. 品牌知名度

F. 味道好　G. 农药残留少　H. 新鲜度　I. 是否是转基因产品

11. 相较于货架上同时摆放的非转基因食品，您愿意购买转基因食品吗？_____

A. 愿意　B. 不愿意　C. 视情况而定_____（请注明）

愿意购买的原因_____（可多选）

A. 价格低　　B. 增加营养　　C. 保鲜期长　　D. 种类多

E. 农药残留少　　F. 改善口味

不愿购买的原因_____（可多选）

A. 了解不多，担心健康　　B. 负面消息太多

C. 不信任政府监管　　　　D. 身边购买的人少

---

① 包括全球正在培育和已经商业化推广的产品。

12. 在其他条件（比如质量、外观、营养等）都一样的情况下，价格是否是您选择购买转基因食品的一个因素？＿＿＿＿＿＿＿

A. 是　　B. 不是　　C. 不知道

如果是的话，转基因食品比传统食品价格低到何种程度时您会选择转基因食品？＿＿＿＿＿＿＿

A. 0—20%　　B. 21%—40%　　C. 41%—60%

D. 61%—80%　　　　　　　　E. 81%—100%

如果是的话，在价格都一样的情况下，您会购买转基因食品还是非转基因食品？＿＿＿＿＿＿＿

A. 转基因食品　　B. 非转基因食品　　C. 不知道

四　消费者对转基因宣传主体的态度

1. 据您所知，我国有关于转基因产品的政策法规吗？＿＿＿＿＿＿＿

A. 完全不清楚　　B. 不太清楚　　C. 基本清楚

D. 比较清楚　　E. 完全了解

2. 您是否听过转基因作物和转基因食品的宣传？＿＿＿＿＿＿＿

A. 有　　B. 没有　　C. 不知道

3. 当您购买某种产品时是否会看产品说明和标签？＿＿＿＿＿＿＿

A. 经常　　B. 偶尔　　C. 从不

您是否在超市的货架上见过"转基因食品"标签或者"非转基因食品"标签？＿＿＿＿＿＿＿

A. 见过　　B. 没见过　　C. 不知道

如果见过，以下哪些食品涉及了"转基因"和"非转基因"的标志？＿＿＿＿＿＿＿（可多选）

A. 植物油（大豆油、花生油、菜籽油、葵花籽油、玉米油、稻米油、调和油等）

B. 酱油

C. 沙拉酱

D. 大豆制品（豆粉、豆浆、豆奶、豆腐、豆干、豆瓣酱、腐乳等）

如果见过，您是否购买过"转基因食品"标签的食品？＿＿＿＿＿＿＿

A. 买过　　B. 没买过　　C. 不知道

4. 您对经过质量安全认证（对企业的生产环境、生产设备、制造工艺、产品标准进行强制性检验，带有 QS 标志的产品）的食品是否放心购买？_____

A. 完全不放心　　B. 不完全放心　　C. 很放心　　D. 不知道

5. 在转基因食品管理过程中，您是否会因为政府部门监管职能的良好发挥而放心地购买食品？_____

A. 完全不信任　　　B. 比较不信任　　　C. 不知道

D. 不完全信任　　　E. 很信任

6. 在转基因产品的销售和推广过程中，政府机构的安全评价（转基因技术的风险评价）是否会增强您购买的信心？_____

A. 会　　　B. 不会　　　C. 不知道

7. 针对转基因食品不同的信息来源，您更愿意相信哪个？_____

信息来源	非常不可信	比较不可信	不知道	比较可信	非常可信
政府部门					
科学家					
企业					
非政府组织					
媒体					
学校科普					
亲戚朋友					

8. 以上信息来源是否会影响您的购买选择吗？_____

A. 完全没影响　　B. 没有多大影响　　C. 不知道

D. 有部分影响　　E. 有很大影响

9. 您认为我国对转基因技术和产品的发展应该采取何种态度？_____

A. 审慎态度　　B. 积极推广　　C. 中立

D. 积极研发，但要慎重产业化

10. 为了加强我国转基因产品的风险管理，您认为哪些工作比较重要？

	非常不重要	不太重要	一般	比较重要	非常重要
提高转基因食品监管决策的透明性					
加强转基因生物知识的科学普及推广					
对转基因问题及时准确地报道					
建立转基因信息公开和决策平台					
科学家加强转基因技术研发					
完善转基因技术的法律法规					

问卷结束，感谢您的大力支持！

附录2 转基因技术应用的社会认知与规制问题研究问卷（农户）

您好！我是中国农业大学经济管理学院的在读博士生。本问卷旨在了解农户对转基因技术应用的认知水平和对社会规制的了解情况，本调查采用匿名方式，我们会保护您的私人信息。此次调研的数据仅用于撰写学术论文，感谢您的大力支持！

"生物技术应用的社会规制问题研究"课题组

一 被访者的基本信息

1. 您的性别：_____

A. 男　B. 女

2. 您的年龄：_____

3. 您的受教育程度：_____

A. 小学及以下　B. 初中　C. 高中或中专　D. 大专　E. 本科

F. 硕士及以上

4. 家人数量（目前经常与您住在一起的亲人，包含您本人）

_____人

A. 1人　B. 2人　C. 3人　D. 4人　E. 5人及以上

是否有 6 岁以下的孩子？ _____　A. 没有　B. 有

是否有 60 岁及以上的老人？ _____　A. 没有　B. 有

_____是家中主要农作物的种植者和决策者？

A. 自己　B. 配偶　C. 家中老人　D. 夫妻两人

您家种了_____亩地，人均耕地拥有量_____亩。

5. 您的家庭年收入多少？ _____

A. 10000 元及以下　　B. 10001—20000 元　C. 20001—30000 元

D. 30001—40000 元　　E. 40001—50000 元　F. 50001 元及以上

6. 您家的收入水平在当地的位置是？ _____

A. 低　　　B. 中等　　C. 高

7. 您家的务农收入占家庭总收入的比重？ _____

A. 0—20%　　B. 21%—40%　　C. 41%—60%

D. 61%—80%　E. 81%—100%

二　对转基因技术常识的认知水平

1. 孩子的性别是由父亲的基因决定。（判断正误）_____

A. 不对　　B. 对　　C. 不知道

2. 转基因大豆中含有基因，但是普通大豆中不含。_____

A. 不对　　B. 对　　C. 不知道

3. 一个人吃了转基因水果，他的基因就会发生变化。_____

A. 不对　　B. 对　　C. 不知道

4. 把动物基因转入植物基因是不可能的。_____

A. 不对　　B. 对　　C. 不知道

5. 把鱼基因导入番茄中培育出的转基因番茄会有鱼腥味。_____

A. 不对　　B. 对　　C. 不知道

6. 您是否听说过生物技术、基因、杂交这样的名词？ _____

A. 从未听说　B. 只听过一两次　C. 偶尔听说　D. 经常听说

三　对转基因作物的认知情况

1. 您听说过转基因作物吗？＿＿＿＿＿＿

A. 从未听说　B. 只听过一两次　C. 偶尔听说　D. 经常听说

2. 您在买种子时是否听销售人员提过转基因技术或者转基因种子等词语？＿＿＿＿＿＿

A. 从未听说　B. 只听过一两次　C. 偶尔听说　D. 经常听说

3. 您知道目前国内市场上的转基因产品有哪些吗？（可多选）＿＿＿＿＿＿

A. 大豆及豆制品　B. 木瓜　C. 玉米　D. 油菜　E. 大米

F. 番茄　G. 土豆　H. 甜菜　I. 大豆油　J. 棉籽油　K. 棉花

L. 上述都没有　M. 不知道　N. 其他＿＿＿＿＿＿

4. 您认为转基因作物有哪些优点？（可多选）＿＿＿＿＿＿

A. 产量增加　B. 价格低　C. 增加营养　D. 改善口味

E. 增加产品种类　F. 耐贮性，延长保鲜期　G. 不清楚

H. 没有以上任何优点　I. 其他＿＿＿＿＿＿

5. 您认为转基因产品可能潜在哪些缺点？（可多选）＿＿＿＿＿＿

A. 破坏生物多样性

B. 污染非转基因作物，影响周边作物生长

C. 增强昆虫和病菌的抵抗力，加大害虫控制的难度

D. 使人产生过敏反应

E. 身体机能衰弱，引起疾病，影响人类健康

F. 影响人类繁殖

G. 侵犯人类伦理道德

H. 不清楚

I. 其他＿＿＿＿＿＿

6. 您认为转基因作物对人类健康的影响是？＿＿＿＿＿＿对生态环境的影响是？＿＿＿＿＿＿对伦理道德的影响是？＿＿＿＿＿＿您对转基因作物的总体评价是？＿＿＿＿＿＿

A. 利大于弊　　B. 弊大于利　　C. 没影响　　D. 不知道

7. 您在种植农作物时，更看重它哪些特征？_____（可多选），请排序_____

A. 高产增收

B. 种苗购买价格低

C. 减少化肥、农药施用量，对生态环境有益

D. 营养价值高，对身体有益

E. 其他_____

8. 您家今后有想种植转基因作物的意愿吗？_____（不愿意转9题，愿意转10题）

A. 绝不种植　　B. 暂时不愿意种植　　C. 不太确定

D. 比较愿意种植　　E. 非常想尝试种植

9. 转基因作物可以提高产量，降低成本，您会选择种植转基因作物吗？

A. 不会　　B. 会　　C. 不知道

10. 当前转基因农产品的市场前景还不够明朗，比如说有些消费者反对销售转基因农产品，但是转基因作物可以提高产量，降低成本，您会选择种植转基因作物吗？_____

A. 不会　　B. 会　　C. 不知道

11. 与传统作物相比，转基因作物的产量预期会_____，收益预期_____，质量预期_____，化肥投入预期_____，人工投入预期_____，销售价格预期_____。（如果没有种植则回答预期，已经种植的回答实际情况，并标注是否种植。）

A. 低　　B. 一般　　C. 高　　D. 不知道

12. 您是否购买过转基因产品？_____

A. 没有　　B. 有　　C. 不知道

如果有，买的是什么？_____

四　对政府的信任情况

1. 您是否参加过生物技术（转基因技术）培训？_____

A. 是　　B. 没有

2. 您是否有人向您推荐转基因作物种子？_____

A. 有　　B. 没有

如果有的话，信息来源于_____？

A. 政府部门　　B. 科学家　　C. 企业销售商　　D. 村里宣传

E. 亲戚朋友　　F. 其他_____

3. 我国有没有转基因作物种植的相关规定？_____

A. 没有　　B. 有　　C. 不知道

如果有的话请写出_____

4. 如果您种植的转基因农作物在销售过程中遇到了麻烦，您首先想到的是哪种手段来解决问题？_____

A. 政府部门　　B. 法律　　C. 媒体

D. 自己　　　　E. 其他途径_____

5. 在转基因产品的销售和推广过程中，政府机构的安全评价（转基因技术风险评价）是否会增强您种植的信心？_____

A. 会　　B. 不会　　C. 不知道

6. 您认为我国对转基因技术和产品的发展应该采取何种态度？_____

A. 审慎态度　　B. 积极推广　　C. 中立

D. 积极研发，但要慎重产业化

问卷结束，感谢您的大力支持！

附录3　转基因技术应用的社会认知与规制问题研究问卷（企业）

您好！我是中国农业大学经济管理学院的在读博士生。本问卷旨在了解企业对转基因技术应用的认知水平和对社会规制的了解情况，本调查采用匿名方式，我们会保护您的私人信息。此次调研的数据仅用于撰写学术论文，感谢您的大力支持！

"生物技术应用的社会规制问题研究"课题组

一　被访者的基本信息

1. 您的性别：_____

A. 男　　B. 女

2. 您的年龄：_____

3. 您的受教育程度：_____

A. 小学及以下　　B. 初中　　C. 高中　　D. 大专

E. 本科　　　　　F. 硕士及以上

4. 您所在的企业名称：_____

贵公司的注册时间：_____

贵公司的性质：_____

A. 国有企业　B. 民营企业　C. 中外合资　D. 外商独资

贵公司的规模：_____

贵公司的主营业务：_____涉及的业务中是否与转基因技术有关?_____

A. 毫无关系　　B. 有一点相关　　C. 紧密联系

贵公司的管理人员构成：_____

A. 以初高中学历为主

B. 以大专和本科学历为主

C. 以研究生学历为主

贵公司每年在新产品上的投资量：_____

A. 较少　　B. 较多　　C. 与其他业务持平

二　对转基因技术应用的认知情况

1. 您听说过转基因作物或者转基因食品吗?_____

A. 没有　　B. 有　　C. 不知道

2. 您知道目前国内市场上的转基因作物或转基因食品有哪些吗?（可多选）_____

A. 大豆及豆制品　B. 木瓜　C. 玉米　D. 油菜　E. 大米

F. 番茄　G. 土豆　H. 甜菜　I. 大豆油　J. 棉籽油　K. 棉花

L. 上述都没有　M. 不知道　N. 其他_____

3. 您认为转基因作物有哪些优点?（可多选）_____

A. 产量增加　B. 价格低　C. 增加营养　D. 改善口味

E. 增加产品种类　F. 耐贮性，延长保鲜期　G. 减少农药使用量

H. 不清楚　I. 没有以上任何优点　J. 其他_____

4. 您认为转基因作物可能潜在哪些风险？（可多选）_____

A. 破坏生物多样性和食物多样性

B. 污染非转基因作物，影响周边作物生长

C. 增强昆虫和病菌的抵抗力，加大害虫控制的难度

D. 使人产生过敏反应

E. 身体机能衰弱，引起疾病

F. 影响人类繁殖

G. 侵犯人类伦理道德

H. 不清楚

I. 其他_____

5. 您认为转基因技术对人类健康的影响是？_____对生态环境的影响是？_____对伦理道德的影响是？_____您对转基因技术的总体评价是？_____

A. 利大于弊　　B. 弊大于利　　C. 没影响　　D. 不知道

6. 针对转基因食品不同的信息来源，您更愿意相信哪个？_____（请画√）

信息来源	非常不可信	比较不可信	不知道	比较可信	非常可信
政府部门					
科学家					
企业					
非政府组织					
媒体					
学校科普					
亲戚朋友					

并请排出三个最信任的信息来源：_____

A. 政府规制部门　B. 学术界（科学家）　　C. 生物企业

D. NGO（非政府组织）　　E. 媒体　F. 学校科普　G. 亲戚朋友

7. 您认为生产转基因技术的产品能否给企业带来较大的利润？

A. 不可以　　B. 可以　　C. 差不多　　D. 不清楚

8. 您认为提高消费者对新产品的认知程度，能否给企业生产销售新产品带来利润？

A. 不可以　　B. 可以　　C. 差不多　　D. 不清楚

9. 据您所知，我国目前有没有管理转基因农产品的政策法规？_____

A. 没有　　B. 有　　C. 不知道

如果有的话，您是否听说过《农业转基因生物安全管理条件》《农业转基因生物安全评价管理办法》《农业转基因生物标识管理办法》等政策法规？_____

10. 您认为我国对转基因技术和产品的发展应该采取何种态度？_____

A. 审慎态度　　B. 积极推广　　C. 中立

D. 积极发展转基因技术慎重产业化

问卷结束，感谢您的大力支持！

附录 4　转基因技术应用的社会认知与规制问题研究问卷（科研机构）

您好！我是中国农业大学经济管理学院的在读博士生。本问卷旨在了解科研机构对转基因技术应用的认知水平和对社会规制的了解情况，本调查采用匿名方式，我们会保护您的私人信息。此次调研的数据仅用于撰写学术论文，感谢您的大力支持！

"生物技术应用的社会规制问题研究"课题组

一 被访者的基本信息

1. 您的性别：＿＿＿＿＿＿

A. 男　　B. 女

2. 您的年龄：＿＿＿＿＿＿

3. 您的受教育程度：＿＿＿＿＿＿

A. 小学及以下　B. 初中　C. 高中　D. 大专　E. 本科

F. 硕士及以上

4. 您所在的科研机构名称：＿＿＿＿＿＿

5. 您目前从事的研究是否与转基因技术相关？＿＿＿＿＿＿

A. 毫无关系　　B. 有一点相关　　C. 紧密联系

二 对转基因技术及应用的认知水平

1. 您在日常生活中听说过转基因作物或者转基因食品吗？＿＿＿＿＿＿

A. 没有　　B. 有　　C. 不知道

2. 您所在的科研机构是否正在从事与转基因技术相关的研究？＿＿＿＿＿＿

A. 没有　　B. 有　　C. 不知道

3. 您所在的科研机构是否有正在田间试验的转基因作物？＿＿＿＿＿＿

A. 没有　　B. 有　　C. 不知道

4. 您知道目前国内市场上的转基因作物或转基因食品有哪些吗？（可多选）＿＿＿＿＿＿

A. 大豆及豆制品　B. 木瓜　C. 玉米　D. 油菜　E. 大米

F. 番茄　G. 土豆　H. 甜菜　I. 大豆油　J. 棉籽油　K. 棉花

L. 上述都没有　M. 不知道　N. 其他＿＿＿＿＿＿

5. 您认为转基因作物有哪些优点？（可多选）＿＿＿＿＿＿

A. 产量增加　B. 价格低　C. 增加营养　D. 改善口味

E. 增加产品种类　F. 耐贮性，延长保鲜期　G. 减少农药使用量

H. 不清楚　I. 没有以上任何优点　J. 其他＿＿＿＿＿＿

6. 您认为转基因作物可能潜在哪些风险？（可多选）＿＿＿＿＿＿

A. 破坏生物多样性和食物多样性

B. 污染非转基因作物，影响周边作物生长

C. 增强昆虫和病菌的抵抗力，加大害虫控制的难度

D. 使人产生过敏反应

E. 身体机能衰弱，引起疾病

F. 影响人类繁殖

G. 侵犯人类伦理道德

H. 不清楚

I. 其他_____

7. 您认为转基因技术对人类健康的影响是？_____对生态环境的影响是？_____对伦理道德的影响是？_____您对转基因技术的总体评价是？_____

A. 利大于弊　　B. 弊大于利　　C. 没影响　　D. 不知道

8. 针对转基因食品不同的信息来源，您更愿意相信哪个？_____（请画√）

信息来源	非常不可信	比较不可信	不知道	比较可信	非常可信
政府部门					
科学家					
企业					
非政府组织					
媒体					
学校科普					
亲戚朋友					

并请排出三个最信任的信息来源：_____

A. 政府规制部门　　B. 学术界（科学家）　　C. 生物企业

D. 非政府组织　　E. 媒体　　F. 学校科普　　G. 亲戚朋友

9. 据您所知，国家在转基因技术研发上的投入：_____

　A. 较少　　B. 较多　　C. 与其他业务持平　　D. 不清楚

10. 据您所知，您所在的科研机构每年在研发上投入的资金量如何？_____

　A. 较少　　B. 较多　　C. 与其他业务持平

11. 您所在科研机构每年承担科研的项目数？_____比同类科研机构相比？_____

　A. 较少　　B. 较多　　C. 一样多

12. 据您所知，我国目前有没有管理转基因农产品的政策法规？_____

如果有的话，您是否听说过《农业转基因生物安全管理条件》《农业转基因生物安全评价管理办法》《农业转基因生物标识管理办法》等政策法规？_____

　A. 没有　　B. 有　　C. 不知道

13. 在转基因产品研发推广过程中，政府机构的安全评价是否会增强您的信心？_____

　A. 不会　　B. 会　　C. 不知道

14. 您对当前阶段政府部门对生物技术应用的规制和管理是否满意？_____

　A. 非常不满意　　B. 不太满意　　C. 不知道

　D. 基本满意　　E. 非常满意

15. 您认为我国对转基因技术和产品的发展应该采取何种态度？_____

　A. 审慎态度　B. 积极推广　C. 中立

　D. 积极发展转基因技术慎重产业化

问卷结束，感谢您的大力支持！

附录 5　转基因技术应用的社会认知与
规制问题研究问卷（政府部门）

您好！我是中国农业大学经济管理学院的在读博士生。本问卷旨在了解政府部门对转基因技术应用的认知水平和对社会规制的了解情况，本调查采用匿名方式，我们会保护您的私人信息。此次调研的数据仅用于撰写学术论文，感谢您的大力支持！

"生物技术应用的社会规制问题研究"课题组

一　被访者的基本信息

1. 您的性别：_____

A. 男　　B. 女

2. 您的年龄：_____

3. 您的受教育程度：_____

A. 小学及以下　B. 初中　C. 高中　D. 大专　E. 本科

F. 硕士及以上

4. 您所在的政府部门名称：_____

5. 您目前从事的工作是否与转基因技术相关？_____

A. 毫无关系　B. 有一点相关　C. 紧密联系

二　对转基因技术及应用的认知水平

1. 您在日常生活中听说过转基因作物或者转基因食品吗？_____

A. 没有　　B. 有　　C. 不知道

2. 您知道目前国内市场上的转基因作物或转基因食品有哪些吗？（可多选）_____

A. 大豆及豆制品　B. 木瓜　C. 玉米　D. 油菜　E. 大米

F. 番茄　G. 土豆　H. 甜菜　I. 大豆油　J. 棉籽油　K. 棉花

L. 上述都没有　M. 不知道　N. 其他_____

3. 您认为转基因作物有哪些优点？（可多选）_____

A. 产量增加　B. 价格低　C. 增加营养　D. 改善口味

E. 增加产品种类　F. 耐贮性，延长保鲜期　G. 减少农药使用量

H. 不清楚　I. 没有以上任何优点　J. 其他_____

4. 您认为转基因作物可能潜在哪些风险？（可多选）_____

A. 破坏生物多样性和食物多样性

B. 污染非转基因作物，影响周边作物生长

C. 增强昆虫和病菌的抵抗力，加大害虫控制的难度

D. 使人产生过敏反应

E. 身体机能衰弱，引起疾病

F. 影响人类繁殖

G. 侵犯人类伦理道德

H. 不清楚

I. 其他_____

5. 您认为转基因技术对人类健康的影响是？_____对生态环境的影响是？_____对伦理道德的影响是？_____您对转基因技术的总体评价是？_____

A. 利大于弊　　B. 弊大于利　　C. 没影响　　D. 不知道

6. 针对转基因食品不同的信息来源，您更愿意相信哪个？_____（请画√）

信息来源	非常不可信	比较不可信	不知道	比较可信	非常可信
政府部门					
科学家					
企业					
非政府组织					
媒体					
学校科普					
亲戚朋友					

并请排出三个最信任的信息来源：_____

A. 政府规制部门　B. 学术界（科学家）　C. 生物企业

D. 非政府组织　E. 媒体　F. 学校科普　G. 亲戚朋友

7. 据您所知，我国目前有没有管理转基因农产品的政策法规？_____

如果有的话，您是否听说过《农业转基因生物安全管理条件》《农业转基因生物安全评价管理办法》《农业转基因生物标识管理办法》等政策法规？_____

A. 没有　　B. 有　　C. 不知道

8. 据您所知，我国转基因成果转换成商品的比例_____

A. 较少　　B. 较多　　C. 不知道

9. 据您所知，我国是否在大力推广转基因技术？_____

A. 是　　B. 否　　C. 不知道

10. 您认为我国对转基因技术和产品的发展应该采取何种态度？_____

A. 审慎态度　　B. 积极推广　　C. 中立

D. 积极发展转基因技术慎重产业化

问卷结束，感谢您的大力支持！

附录6　转基因技术应用的社会认知与规制问题研究问卷（非政府组织）

您好！我是中国农业大学经济管理学院的在读博士生。本问卷旨在了解非政府组织对转基因技术应用的认知水平和对社会规制的了解情况，本调查采用匿名方式，我们会保护您的私人信息。此次调研的数据仅用于撰写学术论文，感谢您的大力支持！

"生物技术应用的社会规制问题研究"课题组

一 被访者的基本信息

1. 您的性别：_____

    A. 男　　B. 女

2. 您的年龄：_____

3. 您的受教育程度：_____

    A. 小学及以下　B. 初中　C. 高中　D. 大专　E. 本科

    F. 硕士及以上

4. 您所在的机构名称：_____

5. 您目前从事的工作是否与转基因技术相关？_____

    A. 毫无关系　　B. 有一点相关　　C. 紧密联系

二 对转基因技术应用的认知情况

1. 您在日常生活中听说过转基因作物或者转基因食品吗？_____

    A. 没有　　B. 有　　C. 不知道

2. 您知道目前国内市场上的转基因作物或转基因食品有哪些吗？（可多选）_____

    A. 大豆及豆制品　B. 木瓜　C. 玉米　D. 油菜　E. 大米

    F. 番茄　G. 土豆　H. 甜菜　I. 大豆油　J. 棉籽油　K. 棉花

    L. 上述都没有　M. 不知道　N. 其他_____

3. 您认为转基因作物有哪些优点？（可多选）_____

    A. 产量增加　B. 价格低　C. 增加营养　D. 改善口味

    E. 增加产品种类　F. 耐贮性，延长保鲜期　G. 减少农药使用量

    H. 不清楚　I. 没有以上任何优点　J. 其他_____

4. 您认为转基因作物可能潜在哪些风险？（可多选）_____

    A. 破坏生物多样性和食物多样性

    B. 污染非转基因作物，影响周边作物生长

    C. 增强昆虫和病菌的抵抗力，加大害虫控制的难度

    D. 使人产生过敏反应

    E. 身体机能衰弱，引起疾病

    F. 影响人类繁殖

G. 侵犯人类伦理道德

H. 不清楚

I. 其他_____

5. 您认为转基因技术对人类健康的影响是？_____对生态环境的影响是？_____对伦理道德的影响是？_____您对转基因技术的总体评价是？_____

　　A. 利大于弊　　B. 弊大于利　　C. 没影响　　D. 不知道

6. 据您所知，我国目前有没有管理转基因农产品的政策法规？_____

　　如果有的话，您是否听说过《农业转基因生物安全管理条件》《农业转基因生物安全评价管理办法》《农业转基因生物标识管理办法》等政策法规？_____

　　A. 没有　　B. 有　　C. 不知道

7. 在转基因产品研发推广过程中，政府机构的安全评价（转基因技术的风险评价）是否会增强您的信心？_____

　　A. 不会　　B. 会　　C. 不知道

8. 您对当前阶段政府部门对生物技术应用的规制和管理是否满意？_____

　　A. 非常不满意　　B. 不太满意　　C. 不知道

　　D. 基本满意　　E. 非常满意

9. 您认为我国对转基因技术和产品的发展应该采取何种态度？_____

　　A. 审慎态度　　B. 积极推广　　C. 中立

　　D. 积极发展转基因技术慎重产业化

10. 针对转基因食品不同的信息来源，您更愿意相信哪个？_____（请画√）

信息来源	非常不可信	比较不可信	不知道	比较可信	非常可信
政府部门					
科学家					

续表

信息来源	非常不可信	比较不可信	不知道	比较可信	非常可信
企业					
非政府组织					
媒体					
学校科普					
亲戚朋友					

并请排出三个最信任的信息来源：_____

A. 政府规制部门　　　　B. 学术界（科学家）

C. 生物企业　　　　　　D. 非政府组织

E. 媒体　　　　　　　　F. 学校科普

G. 亲戚朋友

问卷结束，感谢您的大力支持！

附录 7　转基因水稻社会规制绩效评估调查问卷

说明：本问卷旨在了解目前我国转基因水稻现有社会规制的绩效水平情况，我们会保护您的私人信息。此次调研的数据仅用于撰写学术论文，感谢您的大力支持！

"生物技术应用的社会规制问题研究"课题组

调查单位：_____

调查时间：_____

转基因产品应用的社会规制绩效评估体系包括生态环境规制、安全规制、营养规制、健康规制和社会经济问题规制 5 个一级指标以及各自下属 24 个二级指标组成，如附表 7 – 1 所示。请各位专家根据附表 7 – 1 和附表 7 – 2 的内容对现有转基因水稻的社会规制绩效进行评估打分（见附表 7 – 1）。

附表 7 – 1　　　　　转基因水稻社会规制绩效评估打分

一级指标	二级指标	A1	A2	B1	B2	B3	P
生态环境规制	土壤生态系统						
	温室气体排放						
	灌溉水质						
	杂草化						
	物种的侵略性						
	对非靶标生物的影响						
	基因外溢						
	生物多样性						
安全规制	作物产量						
	抗逆性						
	毒性问题						
	对传统农业的影响						
营养规制	抗毒性问题						
	营养价值改变						
	微生物安全性问题						
	食品加工						
健康规制	对抗生素的抗性						
	农场工人有毒农药的摄入						
	消费者的知情权						
社会经济问题规制	农民的收入						
	贸易						
	知识产权						
	食品安全						
	社会伦理道德						

附表 7 - 2　　转基因产品应用社会规制的绩效评估指标体系

一级指标	二级指标	负向效应	正向效应
生态环境规制	土壤生态系统 温室气体排放 灌溉水质 杂草化 物种的侵略性 对非靶标生物的影响 基因外溢 生物多样性	作物发展适合极端环境，鼓励土地转换 集约农业导致温室气体排放 增加的土地投入导致灌溉水增加 杂草对除草剂产生抗性 增加环境适应性 出现新的害虫 基因外溢导致杂草丛生 失去生物多样性	效率提高减少土地投入 减少化石燃料和温室气体的排放 耐旱减少灌溉 环保除草剂使杂草变为耐除草剂型 减少环境适应性 对鸟类、哺乳动物和微生物的生物多样性产生积极效果 基因外溢减少杂草 增加生物多样性
安全规制	作物产量 抗逆性 毒性问题 对传统农业的影响	减少作物产量 未出现预期效果 抗性被打破，产生新的病毒 非转基因作物价值损失	增加作物产量 抗性导致作物的边际产量增加 抗虫性增加导致作物产量增加 转基因作物成为有机农业的组成部分
营养规制	抗毒性问题 营养价值改变 微生物安全性问题 食品加工	毒性增加导致更多的负面影响 改变营养摄入导致负面影响 增加病原体危害 弱化加工处理	毒性减少降低负面影响 改变营养不良 延长真菌和病原体的寿命 强化加工处理
健康规制	对抗生素的抗性 农场工人有毒农药的摄入 消费者的知情权	降低抗生素疗效 减少喷洒有毒抗虫剂和除草剂 减少消费者选择，不予知情权	增加消费者知情权
社会经济问题规制	农民的收入 贸易 知识产权 食品安全 社会伦理道德	种子成本高降低潜在收入 对转基因生物的偏见影响进出口 知识产权损失危害社会稳定 粮食产量减少 克隆问题、受试对象权益问题等	性能好的种子增加收入水平 增加产量导致更高的出口潜力 抵抗自然灾害能力增加

附表 7 – 3　　转基因水稻社会规制绩效评估的指标及其说明

指标	赋值	具体解释
A1. 重要性	4	对全球范围内具有重要影响
	3	对某一个国家范围内具有重要影响
	2	对某一部分地区有重要影响
	1	只对某一行业有重要影响
	0	没有重要影响
A2. 变化幅度	+2	显著正向影响
	+1	改善状况
	0	没有变化
	-1	负面影响
	-2	显著负面影响
B1. 敏感性	3	在新的环境下极具敏感
	2	在新的环境下敏感
	1	在新的环境下不敏感
B2. 可逆性	3	影响周围环境，持续 10 年以上
	2	在一定程度上影响环境，但是很快恢复
	1	没有变化
B3. 协同性	3	有明显的累积或协同效应
	2	在一定程度上有累积或协同效应
	1	没有协同效应
P. 发生概率	1	一定发生
	0.93	几乎确定
	0.75	很有可能
	0.50	偶然发生
	0.30	可能不会发生
	0.07	几乎不发生
	0	不可能发生

问卷结束，感谢您的大力支持！

参考文献

［1］ Aerni, P. , "Stakeholder Attitudes Toward the Risks and Benefits of Agricultural Biotechnology in Developing Countries: A comparison between Mexico and the Philippines" ［J］. *Risk Analysis*, 2002, 22 (6): 1123 – 1137.

［2］ Aerni, P. , "Stakeholder Attitudes Towards the Risks and Benefits of Genetically Modified Crops in South Africa" ［J］. *Environmental Science & Policy*, 2005, 8 (5): 464 – 476.

［3］ Aerni, P. , Bernauer, T. , "Stakeholder Attitudes Toward GMOs in the Philippines, Mexico and South Africa: The Issue of Public Trust" ［J］. *World Development*, 2006, 34 (3): 557 – 575.

［4］ Amir, K. , Abadi Ghadim, David J. Pannell, "A Conceptual Framework of Adoption of an Agricultural Innovation" ［J］. *Agricultural Economics*, 1999 (21): 145 – 154.

［5］ Amin, L. , Hashim, H. , "Factors Influencing Stakeholders Attitudes Toward Genetically Modified Aedes Mosquito" ［J］. *Science and Engineering Ethics*, 2015, 21 (3): 655.

［6］ Amin, L. , Jahi, J. M. , Nor, A. R. et al. , "Public Acceptance of Modern Biotechnology" ［J］. *Asia Pac*, 2007 (15): 39 – 51.

［7］ Annandale, "Mining Company Approaches to Environmental Provals Regulation: A Survey of Senior Environment Managers in Canadian" ［J］. *Resources Policy*, 2000 (26): 51 – 59.

［8］ A. Rimal, "International Journal of Consumer Studies: Perception of food Safety and Changes in Food Consumption Habits: A Consumer Analysis – Brief Article" [P]. *Family Economics and Nutrition Review*, 2001.

[9] Baron, R. M. , Kenny, D. A. , "The Moderator – Mediator Variable Distinction in Social Psychological Research: Conceptual, Strategic and Statistical Considerations" [J]. *Journal of Personality & Social Psychology*, 1986, 51 (6): 1173 – 82.

[10] Baron, R. M. , D. A. Kenny, "The Moderator – Mediator Variable Distinction in Social Research" [J]. *J. Pers. Soc*, 2000 (3): 209 – 212.

[11] Bernard Hategekimana, Michael Trant, "Adoption and Diffusion of New Technology in Agriculture: Genetically Modified Corn and Soybeans" [J]. *Canadian Journal of Agricultural Economics*, 2002 (50): 357 – 371.

[12] Bredahl, "Determinants of Consumer Attitudes and Purchase Intentions with Regard to Genetically Modified Foods – Results of a Cross – National Survey" [J]. *Journal of Consumer Policy*, 2001 (24): 23 – 61.

[13] Butler, T. , Reichhardt, T. , "Long – Term Effect of GM Crops Serves up Food for Thought" [J]. *Nature*, 1999 (398): 651 – 653.

[14] Carson Lisa, Lee Robert, "Consumer Sovereignty and the Regulatory History of the European Market for Genetically Modified Foods" [J]. *Environmental Law Review*, 2005, 7 (3): 173 – 189.

[15] Cheyne, Ilonal, "The Precautionary Principle in EC and WTO Law: Searching for a Common Understanding" [J]. *Environmental Law Review*, 2006, 8 (4): 257 – 277.

[16] Chianu, "Determinants of Farmers' Decision to Adopt or not Adopt Inorganic Fertilizer in the Savannas of Northern Nigeria" [J]. *Nutrient Cycling in Agroecosystem*, 2004 (3): 293 – 301.

[17] Chianu, J. N. , Tsujii, H. , "Determinants of Farmers' Decision to Adopt or Not Adopt Inorganic Fertilizer in the Savannas of Northern

Nigeria" [J]. *Nutrient Cycling in Agro - Ecosystems*, 2004, 70 (3): 293 -301.

[18] Clive James:《2013 年全球生物技术/转基因作物商业化发展态势》,《中国生物工程杂志》2014 年第 1 期。

[19] Clive James:《2014 年全球生物技术/转基因作物商业化发展态势》,《中国生物工程杂志》2015 年第 1 期。

[20] Clive James:《2015 年全球生物技术/转基因作物商业化发展态势》,《中国生物工程杂志》2016 年第 4 期。

[21] Conner, A. J., Glare, T. R., Nap, P. J., "The Release of Genetically Modified Organisms into the Environment Overview of Ecological risk Assessment" [J]. *Plant J*, 2003 (33): 19 -46.

[22] Corrigan, J. R., Depositario, D. P. T., Nayga, R. M. et al., "Comparing Open - Ended Choice Experiments and Experimental Auctions: An Application to Golden Rice" [J]. *American Journal of Agricultural Economics*, 2009, 91 (901): 837 -853.

[23] Crespi, J. M., Marette, S., "Does Contain vs Does not Contain: Does it Matter Which GMO Label is Used?" [J]. *European Journal of Law and Economics*, 2003 (16): 327 -344.

[24] Curtis, Kynda R., Jill J. McCluskey, Wahl, T. I., "Consumer Acceptance and of Genetically Modified Foods Products in the Developing World" [J]. *AgBioForum*, 2004 (3): 69 -78.

[25] EJane Morris, "A Semi - Quantitative Approach to GMO Risk - Benefit Analysis" [J]. *Transgenic Res*, 2001 (20): 1055 -1071.

[26] Egri, P. C., "Attitudes, Backgrounds and Information Preferences of Canadian Organic and Conventional Farmers: Implications for Organic Farming Advocacy and Extension" [J]. *Journal of Sustainable Agriculture*, 1999, 13 (3): 45 -72.

[27] Feder, G., Slade, R., "The Acquisition of Information and the Adoption of New Technology" [J]. *American Journal of Agricultural Economics*, 1984 (66): 312 -320.

[28] Frewer, L. I. , Salter, B. , "Public Attitudes, Scientific Advice and the Politics of Regulatory Policy the Case of BSE" [J]. *Sci Public Policy*, 2002 (29): 137 – 145.

[29] Frisvold, G. B. , Reeves, J. M. , Tronstad, R. , "Bt Cotton Adoption in the United States and China: International Trade and Welfare Effects" [J]. *Ag Bio Forum*, 2006 (9): 69 – 78.

[30] Gaskell, G. , Allum, N. C. and Stares, S. R. , "Europeans and Biotechnology in 2002: Eurobarometer 58.0" [R] . London: DG Research European Commission, 2003 (3): 1 – 40.

[31] George, G. , Allum, N. C. and Stares, S. R. , "Europeans and Biotechnology in 2005: Patterns and Trends" [R] . London: DG Research European Commission, 2005 (2): 1 – 87.

[32] George J. Annas, *Gene Technology and Social Acceptance* [M] . America: University Press of America, 2006.

[33] Gershon, F. , Richard, E. J. , David, Z. , "Adoption of Agricultural Innovations in Developing Countries: A Survey" [J]. *Economic Development and Cultural*, 1985, 33 (2): 255 – 298.

[34] Gruere, G. P. , "A review of International Labeling Policies of Genetically Modified Food to Evaluate India Proposed Rule" [J]. *Ag-BioForum*, 2007, 10 (1): 51 – 64.

[35] Hallman, W. K. , "Americans and GM Food: Knowledge, Opinion and Interest in 2004" [R] . New Jersey: The State University of New Jersey, 2004 (2): 16 – 25.

[36] Hossain Ferdaus, Onyango Benjamin et al. , "Nutritional Benefits And Consumer Willingness To Buy Genetically Modified Foods" [J]. *Journal of Food Distribution Research*, 2003, 34 (1): 24 – 29.

[37] Huffman, W. E. , Rousu, M. , Shogren, J. F. et al. , "The Effects of Prior Beliefs and Learning on Consumer's Acceptance of Genetically Modified Foods" [J]. *American Journal of Agricultural Eco-*

nomics, 2007（63）: 193 - 206.

[38] Kimenju, S. C., De Groote, H., "Consumer Willingness to Pay for Genetically Modified Food in Kenya" [J]. *Agricultural Economics*, 2008（1）: 35 - 46.

[39] Kuitunen, M., Jalava, K., Hirvonen, K., "Testing the Usability of the Rapid Impact Assessment Matrix（RIAM）Method for Comparison of EIA and SEA Results" [J]. *Environ Impact Assess Rev*, 2008（28）: 312 - 320.

[40] Lapple, D., Kelley, H., "Understanding the Uptake of Organic Farming: Accounting for Heterogeneities Among Irish Farmers" [J]. *Ecological Economics*, 2013, 88（4）: 11 - 19.

[41] LeSage, J., Pace, K. R., *Introduction to Spatial Econometrics* [M]. New York: Taylor and Francis - CRC Press, 2009.

[42] LeSage, J., Pace, K. R., Lam, N., Campanella, R. and Liu, X., "New Orleans Business Recovery in the Aftermath of Hurricane Katrina" [J]. *Journal of the Royal Statistical Society*, 2011, 174（4）: 1007 - 1027.

[43] Lindeman, M., "Measurement of Ethical Food Choice Motives" [J]. *Appetite*, 2000（34）: 55 - 59.

[44] Lockie, S., Lyons, K., Lawrence, G., Mummery, K., "Eating Green: Motivations Behind Organic Food Consumption in Australia" [J]. *Sociologia Ruralis*, 2002, 42（1）: 20 - 37.

[45] Lipton, Michael, "Agricultural Finance and Rural Credit in Poor Countries" [J]. *World Development*, 1976, 6（4）: 543 - 544.

[46] Louda, S. M., "Insect Limitation of Weedy Plants and Its Ecological Implications". In: Traynor, P. L., Westwood, J. H.（eds.）*Proceeding s of a Workshop on: Ecological Effects of Pest Resistance Genes in Managed Eco - Systems*, Blacksburg, Virginia, 1999, pp. 43 - 48, http: //www. isb. vt. edu.

[47] Manski, C. F., "Identification of Endogenous Social Effects: The

Reflection Problem" [J]. *Review of Economics Studies*, 1993, 60 (3): 531 – 542.

[48] Mark Leese, "Is an American Mouse a European Mouse Towards a Sociology of Patents Innovation and the Intellectual Property System" [J]. *Innovation and the Intellectual Property System*, 1996 (2): 171 – 191.

[49] Martin Fishbein, "An investigation of the Relationships Between Beliefs About an Object and the Attitude Toward that Object" [J]. *Human Relation*, 1963 (16): 233 – 240.

[50] Matin Q. Zilberman, "Yield Effects of Genetically Modified Crops in Developing Countries" [J]. *Science*, 2003 (299): 900 – 902.

[51] Michael R. Taylor, "The US Patent System and Developing Country Access to Biotechnology: Does the Balance Need Adjusting?" [J]. *Resources for the Future*, 2002 (1): 44 – 93.

[52] Miles, S., Frewer, L. I., "Invest Igating Specific Concerns About Different Food Hazards —Higher and Lower Order Attributes" [J]. *Food Qual Prefer*, 2001 (12): 47 – 61.

[53] Mitchell, Olson, "Are Product Attribute Beliefs the Only Moditor of Advertising Effects on Brand Attitude" [J]. *Journal of Mark Research*, 1981 (18): 318 – 332.

[54] Montserraat, Jose, Bruce Traill, "Consumer Acceptance, Valuation of and Attitudes Towards Geetically Modified Food: Review and Implications of Food Policy" [J]. *Food Policy*, 2007 (7): 99 – 111.

[55] Newell, P., "Biotechnology and the Politics of Regulation" [M]. *IDS Working Paper* 146, Institute of Development Studies, 2002.

[56] Onyamgo B. Hallman, "Consumer Acceptance of Genetically Modified Foods in Korea" [J]. *Journal of Food Distribution Research*, 2004 (34): 37 – 42.

[57] Pastakia, C. M. R., Jensen, A., "The Rapid Impact Assessment Matrix (RIAM) for EIA" [J]. *Environ Impact Assess Rev*, 1998

(18): 461 – 482.

[58] Philipp Aerni, Thomas Bernauer, "Stakeholder Attitudes Toward GMOs in the Philippines, Mexico and South Africa: The Issue of Public Trust" [J]. *World Development*, 2006, 34 (3): 557 – 575.

[59] Sall, S. , Norman, D. , "Quantitative Assessment of Improved Rice Variety Adoption the Farmer's Perspective" [J]. *Agricultural System*, 2002 (2): 129 – 144.

[60] Sears, M. K. , Hellmich, R. L. , Stanley, Horn D. E. et al. , "Impact of Bt Corn Pollen on Monarch Butterfly Populations: A risk Assessment, Proc. Nat" [J]. *Acad. Sci*, 2001, 98 (21): 11937 – 11942.

[61] Sherefkin, Robert, "Suppliers will Have Say Over GM Interiors" [J]. *Automotive News Europe*, 2001, 6 (4): 19.

[62] Slovic, "Public Perception of Risk" [J]. *Journal of Environmental Health*, 1997 (5): 22 – 24.

[63] Stefani, G. , Valli, C. , "Exploring the Impacts of Risk Communication Policies on Welfare: The Oretical Aspects" [J]. *Paper Prepared for Presentation at the 84th EAAE Seminar*, 2004 (2): 8 – 11.

[64] Stewart, L. , Geoffrey, L. , Kristen, L. , "Factors Underlying Support or Opposition to Biotechnology Among Australian Food Consumers and Implications for Retailer – Led Food Regulation" [J]. *Food Policy*, 2005 (30): 399 – 418.

[65] Susan Brewer, Guy K. Sprouls, Craig Russon, "Consumer Attitudes Toward Food Safety Issues" [J]. *Journal of Food Safety*, 1994, 14 (1): 63 – 76.

[66] Tegene, A. , Huffman, W. E. , Rousu, M. C. et al. , "The Effects of Information on Consumer Demand for Biotech Food: Evidence From Experimental Auctions" [J]. *Applied Mathematics Letters*, 2003, 25 (10): 1263 – 1266.

[67] Tkachuk, V. A. , Hahn, A. W. , Resink, T. J. , "Low and High –
Density Lipoproteins as Hormonal Regulators of Platelet, Vascular
Endothelial and Smooth Muscle Cell Interactions: Relevance to Hy-
pertension" [J]. *J Hypertens Suppl*, 1991, 9 (6): 28 – 36.

[68] Van D. V. Marlin, "Agricultural Analysis of Inter – Farm Variation
of Myopic Economics Decisions" [J]. *Journal of Economic Dynam-
ics and Control*, 1980 (2): 1 – 26.

[69] Wald, D. M. , Jacobson, S. K. , Levy, J. K. , "Outdoor Cats:
Identi Fying Differences Between Stakeholder Beliefs, Perceived Im-
pacts, Risk and Management" [J]. *Biological Conservation*, 2013,
167 (6): 414 – 424.

[70] Wallace Huffman, Matthew C. Rousu, Jason F. Shogren et al. ,
"The Public Good Value of Information From Agribusiness on Geneti-
cally Modified Foods" [J]. *American Journal of Agricultural Eco-
nomics*, 2003 (3): 1309 – 1315.

[71] Wanki Moon, Siva, K. , "Public Attitudes Toward Agrobiotechnolo-
gy" [J]. *Review of Agricultural Economics*, 2004, 26 (2): 186 –
208.

[72] William Martin, Muir Richard, Duncan Howard, "Characterization
of Environmental Risk of Genetically Engineered (GE) Organisms
and Their Potential to Control Exotic Invasive Species" [J]. *Aquatic
Sciences*, 2004, 66 (4): 414 – 420.

[73] Wohl, "Consumers' Decision – Making and Risk Perceptions Re-
garding Foods Produced with Biotechnology" [J]. *Journal of Con-
sumer Policy*, 1998 (21): 387 – 404.

[74] Wolfenbarger, Laressa L. , Paul R. Phifer, "The Ecological Risks
and Benefits of Genetically Engineered Plants" [J]. *Science*, 2000
(290): 2088 – 2093.

[75] Xiao Pu, Hong Guangcheng, Li Gong et al. , "Revision of Three –
Stakeholder Signaling Game for Environmental Impact Assessment in

China"［J］. *Environmental Impact Assessment Review*, 2011（37）：129-135.

［76］白军飞：《中国城市消费者对转基因食品的接受程度和购买意愿的研究》，博士学位论文，中国农业科学院，2003年。

［77］曹勇、赵丽：《专利获取、专利保护、专利商业化与技术创新绩效的作用机制研究》，《科研管理》2013年第8期。

［78］陈超、石成玉、展进涛等：《转基因食品陈述性偏好与购买行为的偏差分析——以城市居民食用油消费为例》，《农业经济问题》2013年第6期。

［79］陈丹丹：《利益平衡原则在生物技术专利保护中的应用》，博士学位论文，宁波大学，2007年。

［80］储成兵、李平：《农户对转基因生物技术的认知及采纳行为实证研究——以种植转基因Bt抗虫棉为例》，《财经论丛》（浙江财经大学学报）2013年第1期。

［81］戴化勇、苗阳、吉小燕：《我国转基因作物安全监管面临的重点问题与应对策略》，《农业经济问题》2016年第5期。

［82］邓淑芬、吴广谋、赵林度等：《食品供应链安全问题的信号博弈模型》，《物流技术》2005年第10期。

［83］樊慧玲：《转型期政府社会性规制的绩效分析》，《中共四川省委党校学报》2008年第10期。

［84］冯良宣：《公众对转基因食品的风险认知研究》，博士学位论文，华中农业大学，2013年。

［85］顾慧：《论我国转基因食品法律规制的完善》，博士学位论文，南京大学，2014年。

［86］韩艳旗：《全球农业转基因技术产业化特点、成因及启示》，《华中农业大学学报》2012年第6期。

［87］郝晓峰：《我国生物技术专利保护的现状和对策》，《学术论坛》2014年第3期。

［88］何立胜、樊慧玲：《政府经济性规制绩效测度》，《晋阳学刊》2005年第6期。

[89] 侯守礼：《消费者对转基因食品的意愿支付：来自上海的经验证据》，《中国农村观察》2004年第1期。

[90] 胡玉良：《我国政府行政规制改进研究》，博士学位论文，湖南大学，2012年。

[91] 华静、王玉斌：《信息传递对农户转基因作物种植意愿的影响》，《中国农村经济》2016年第6期。

[92] 华静、田志宏、王玉斌：《转基因水稻技术应用社会规制的绩效评估》，《西北农林科技大学》（社会科学版）2015年第6期。

[93] 华静、王玉斌：《转基因技术专利保护制度体系的探究》，《西北工业大学学报》（社会科学版）2016年第2期。

[94] 黄季焜、仇焕广、白军飞等：《中国城市消费者对转基因食品的认知程度、接受程度和购买意愿》，《中国软科学》2006年第2期。

[95] 霍有光、于慧丽：《利益相关者视阈下转基因技术应用的利益关系及利益协调》，《科技管理研究》2016年第2期。

[96] 贾士荣：《转基因作物的环境风险分析研究进展》，《中国农业科学》2004年第2期。

[97] 焦诠：《论我国生物技术的专利保护》，《药物生物技术》2008年第2期。

[98] 巩前文：《粮食作物转基因技术商业化风险管理研究》，博士学位论文，中国农业大学，2011年。

[99] 管开明：《转基因作物及食品的利益相关者分析》，《自然辩证法研究》2012年第7期。

[100] 管开明：《利益相关者视野中的转基因食品社会评价》，《武汉理工大学学报》（社会科学版）2013年第4期。

[101] 李丹丹：《我国食品生产安全管理的政府监管体制研究》，博士学位论文，东北师范大学，2011年。

[102] 李宁、付仲文、刘培磊等：《全球主要国家转基因生物安全管理政策比对》，《农业科技管理》2010年第2期。

[103] 李然:《基于"逆选择"和博弈模型的食品安全分析——兼对转基因食品安全管制的思考》,《华中农业大学学报》(社会科学版)2010年第2期。

[104] 李伟:《我国食品安全的政府监管研究》,博士学位论文,首都经济贸易大学,2005年。

[105] 刘培磊、康定明、李宁:《我国转基因技术风险交流分析》,《中国生物工程杂志》2011年第8期。

[106] 罗云波、贺晓云:《中国转基因作物产业发展概述》,《中国食品学报》2014年第8期。

[107] 李维:《农户水稻种植意愿及其影响因素分析——基于湖南资兴320户农户问卷调查》,《湖南农业大学学报》(社会科学版)2010年第5期。

[108] 李永明、潘灿君:《论基因技术的专利保护》,《浙江大学学报》(人文社会科学版)2003年第1期。

[109] 李用鹏、孙剑:《武汉市农户对转基因水稻的认知程度及其影响因素实证研究》,《天津农业科学》2013年第6期。

[110] 李昱:《论风险预防原则在转基因产品贸易中的适用》,博士学位论文,中国政法大学,2011年。

[111] 李真、张红凤:《中国社会性规制绩效及其影响因素的实证分析》,《经济学家》2012年第10期。

[112] 李中东、孙焕:《基于DEMATEL的不同类型技术对农产品质量安全影响效应的实证分析——来自山东、浙江、江苏、河南和陕西五省农户的调查》,《中国农村经济》2011年第3期。

[113] 刘俊威:《基于信号传递博弈模型的我国食品安全问题探析》,《特区经济》2012年第1期。

[114] 刘涛:《我国食品安全监管机制的信号传递博弈分析》,《经济师》2012年第1期。

[115] 刘旭霞、李洁瑜:《转基因水稻产业化中的专利问题分析》,《华中农业大学学报》(社会科学版)2001年第1期。

[116] 刘旭霞、刘鑫:《中国湖北农户种植转基因水稻意愿实证调

查》,《湖北农业科学》2013 年第 11 期。

[117] 娄少华:《对转基因作物的综合评价及战略选择研究》,博士学位论文,吉林大学,2009 年。

[118] 陆倩、孙剑:《农户关于转基因作物的认知对种植意愿的影响研究》,《中国农业大学学报》2014 年第 3 期。

[119] 陆群峰、肖显静:《中国农业转基因生物安全政策模式的选择》,《南京林业大学学报》(人文社会科学版)2009 年第 6 期。

[120] 吕立才、罗高峰:《现代农业生物技术与政府管理:一个研究综述》,《农业技术经济》2004 年第 6 期。

[121] 马述忠、黄祖辉:《农户政府及转基因农产品——对我国农民转基因作物种植意向的分析》,《中国农村经济》2003 年第 4 期。

[122] 马述忠:《转基因农产品国际贸易及政府管理——战略选择、政策设计与规则构建》,博士学位论文,浙江大学,2003 年。

[123] 毛新志、张利平:《转基因食品社会评价的主体结构系统探析》,《武汉理工大学学报》(社会科学版)2008 年第 3 期。

[124] 孟菲:《食品安全的利益相关者行为分析及其规制研究》,博士学位论文,江南大学,2009 年。

[125] 庞俊峰、戚湧、冯锋等:《农业生物技术知识产权保护与创新发展》,《生物技术专报》2013 年第 6 期。

[126] 齐振宏、王培成、俞宏伟:《稻农选择新技术意愿影响因素的实证研究》,《中国科技论坛》2009 年第 9 期。

[127] 齐振宏、王瑞懂:《中外转基因食品消费者认知与态度问题研究综述》,《国际贸易问题》2010 年第 12 期。

[128] 齐振宏、周慧:《消费者对转基因食品认知的实证分析——以武汉市为例》,《中国农村观察》2010 年第 6 期。

[129] [美] 乔治·J. 斯蒂格勒:《产业组织与政府管制》,上海三联书店 1989 年版。

[130] 秦向东:《消费者行为实验经济学研究——以转基因食品为

例》，上海交通大学出版社 2011 年版。

[131] 仇焕广、黄季焜、杨军：《关于消费者对转基因技术和食品态度研究的讨论》，《中国科技论坛》2007 年第 3 期。

[132] 仇焕广、黄季焜、杨军：《政府信任对消费者行为的影响研究》，《经济研究》2007 年第 6 期。

[133] 仇焕广、李强：《影响消费者对转基因标识政策选择的因素分析》，《农业技术经济》2005 年第 2 期。

[134] 曲瑛德、陈源泉、侯云鹏等：《我国转基因生物安全调查 I：公众对转基因生物安全与风险的认知》，《中国农业大学学报》2011 年第 6 期。

[135] 曲瑛德、陈源泉、侯云鹏等：《我国转基因生物安全调查 II：转基因生物风险交流的途径与优先内容》，《中国农业大学学报》2011 年第 6 期。

[136] ［美］施蒂格勒：《产业组织与政府管制》，上海人民出版社 1996 年版。

[137] 宋军、胡瑞法、黄季焜：《农民的农业技术选择行为分析》，《农业技术经济》1998 年第 6 期。

[138] 孙洪武、张锋：《中国转基因作物知识产权战略分析》，《农业经济问题》2014 年第 2 期。

[139] 谭涛、陈超：《我国转基因农产品生产、加工与经营环节安全监管：政策影响与战略取向》，《南京农业大学学报》（社会科学版）2011 年第 3 期。

[140] 田梦华：《食品市场利益相关者行为分析及规制研究》，博士学位论文，云南大学，2015 年。

[141] 田文英、吴峰：《我国高新技术企业技术创新的知识产权保护》，《创新与产业化》2003 年第 1 期。

[142] 王春法：《技术创新政策：理论基础与工具选择——美国和日本的比较研究》，经济科学出版社 1998 年版。

[143] ［美］W. 吉帕·维斯库斯、约翰·M. 弗农、小约瑟夫·E. 哈林顿：《反垄断与管制经济学》，机械工业出版社 2004

年版。

[144] 王俊豪：《政府管制经济学导论——基本理论及其在政府管制实践中的应用》，商务印书馆 2013 年版。

[145] 王琴芳：《转基因作物生物安全性评价与监管体系的分析与对策》，博士学位论文，中国农业科学院，2008 年。

[146] 王若冰：《食品安全利益相关者行为研究》，博士学位论文，首都经济贸易大学，2015 年。

[147] 王思明、夏如冰：《中国杂交稻发展的技术、经济与社会学分析》，《中国科技论坛》2005 年第 4 期。

[148] 王旭静、贾士荣：《国内外转基因作物产业化的比较》，《生物工程学报》2008 年第 4 期。

[149] 王玉斌、华静：《生物技术应用研究的社会规制》，中国农业出版社 2015 年版。

[150] 王玉清、薛达元：《消费者对转基因食品认知态度再调查》，《中央名族大学学报》（自然科学版）2008 年第 17 期。

[151] 王宇红：《我国转基因食品安全政府规制研究》，博士学位论文，西北农林科技大学，2012 年。

[152] 王渊：《论我国生物技术专利保护》，博士学位论文，湖南大学，2010 年。

[153] 王志本：《21 世纪我国生物技术知识产权发展战略》，《中国软科学》1998 年第 12 期。

[154] 王志刚、彭纯玉：《中国转基因作物的发展现状与展望》，《农业展望》2010 年第 11 期。

[155] 王志刚：《食品安全的认识和消费决定：关于天津市个体消费者的实证分析》，《中国农村经济》2003 年第 4 期。

[156] 王中亮、石薇：《信息不对称视角下的食品安全风险信息交流机制研究——基于参与主体之间的博弈分析》，《上海经济研究》2014 年第 5 期。

[157] 魏蔚、王春法：《转基因生物技术的规制研究》，《科技政策与管理》2005 年第 9 期。

［158］ 吴振、顾宪红：《国内外转基因食品安全管理法律法规概览》，《四川畜牧兽医》2011 年第 4 期。

［159］ 肖琴、李建平、周振亚：《我国转基因技术发展中的利益相关者分析》，《中国科技论坛》2012 年第 4 期。

［160］ 谢铭：《转基因作物产业化发展状况和面临的问题》，《广西农业科学》2005 年第 1 期。

［161］ 徐家鹏、闫振宇：《农民对转基因技术的认知及转基因主粮的潜在生产意愿分析——以湖北地区种粮农户为考察对象》，《中国科技论坛》2010 年第 11 期。

［162］ 徐进：《浅析中国转基因食品安全法律保障的基本原则》，《经济研究导刊》2009 年第 4 期。

［163］ 徐丽丽、巩前文、田志宏：《转基因食品消费者认知与政府规制问题研究综述》，《天津农业科学》2010 年第 5 期。

［164］ 许春明、单小光：《知识产权制度与经济发展关系探析——兼论中国知识产权战略的背景和原则》，《科技进步与对策》2007 年第 12 期。

［165］ 袁俊峰、杨云革：《美国公众参与立法体制及其启示》，《法治论衡》2009 年第 4 期。

［166］ 臧传琴、刘岩、王凌：《信息不对称条件下政府环境规制政策设计——基于博弈论的视角》，《财经科学》2010 年第 5 期。

［167］ 展进涛：《转基因信息传播对消费者食品安全风险预期的影响》，《农业技术经济》2015 年第 8 期。

［168］ ［美］詹姆斯·盖斯福德等：《生物技术经济学》，黄祖辉译，上海人民出版社 2003 年版。

［169］ 张彩萍、黄季焜：《现代农业生物技术研发的政策取向》，《农业技术经济》2002 年第 3 期。

［170］ 张丽：《作物内标准基因开发与应用研究》，博士学位论文，中南民族大学，2009 年。

［171］ 张璐：《食品利益相关者行为及规制的经济学分析》，陕西师范大学，2013 年。

[172] 张明杨、展进涛：《信息可信度对消费者转基因技术应用态度的影响》，《华南农业大学学报》（社会科学版）2016年第1期。

[173] 张维迎：《博弈论与信息经济学》，上海人民出版社2012年版。

[174] 张文珠、李加旺：《中国农业知识产权保护的现状与对策》，《中国农学通报》2003年第3期。

[175] 张孝义：《对转基因作物的社会认知及政策取向研究》，博士学位论文，吉林大学，2007年。

[176] 张熠婧：《转基因水稻商业化发展的影响因素分析》，博士学位论文，中国农业大学，2015年。

[177] 张熠婧、郑志浩、高杨：《消费者对转基因食品的认知水平和接受程度——基于全国15省份城镇居民的调查与分析》，《中国农村观察》2015年第6期。

[178] 张郁、齐振宏、黄建：《基于转基因食品争论的公众风险认知研究》，《华中农业大学学报》（社会科学版）2014年第5期。

[179] 赵亮：《食品生产企业卫生现状调查与分析》，《山东食品科技》2003年第1期。

[180] 赵青：《基因技术的专利保护》，博士学位论文，华东政法学院，2003年。

[181] 郑英宁、朱丽春、宗丽辉：《论我国农业生物技术的专利保护》，《科技导报》2004年第5期。

[182] 郑志浩：《城镇消费者对转基因大米的需求研究》，《管理世界》2015年第3期。

[183] 郑志浩：《信息对消费者行为的影响：以转基因大米为例》，《世界经济》2015年第9期。

[184] ［日］植草益：《社会的规制经济学》，NTT出版株式会社1997年版。

[185] ［日］植草益：《微观规制经济学》，朱绍文译，中国发展出版社1992年版。

［186］钟甫宁、陈希：《转基因食品、消费者购买行为与市场份额——以城市居民超市食用油消费为例的验证》，《经济学》（季刊）2008 年第 2 期。

［187］钟甫宁、丁玉莲：《消费者对转基因食品的认知情况及潜在态度初探——南京市消费者的个案调查》，《中国农村观察》2004 年第 1 期。

［188］周德翼、杨海娟：《食物质量安全管理中的信息不对称与政府监管机制》，《中国农村经济》2002 年第 6 期。

［189］周峰、田维明：《消费者对转基因食品的认识、态度及因素分析：以北京市调查数据为例》，《中国农业经济评论》2003 年第 1 期。

［190］周峰：《消费者对转基因食品的认识、态度及其因素分析》，博士学位论文，中国农业大学，2003 年。

［191］周慧、齐振宏、冯良宣：《消费者对转基因食品认知及影响因素的实证研究》，《华中农业大学学报》（社会科学版）2012 年第 4 期。

［192］周晓唯、云杉：《转基因农产品专利保护度的经济学分析》，《吉林大学社会科学学报》2008 年第 3 期。

［193］周学荣：《浅析食品卫生安全的政府管制》，《湖北大学学报》（哲学社会科学版）2004 年第 3 期。

［194］周衍平、陈会英、胡继连：《农业技术产权保护问题研究》，《农业经济问题》2001 年第 11 期。

［195］周应恒、霍丽玥、彭晓佳：《食品安全：消费者态度、购买意愿及信息的影响——对南京市超市消费者的调查分析》，《中国农村经济》2004 年第 11 期。

［196］朱美丽：《转型期政府社会性规制绩效评估研究》，《生产力研究》2014 年第 5 期。